纺织服装高等教育"十四五"部委级规划教材

刘红晓 陈丽 主编

广西少数民族服饰

（3版）

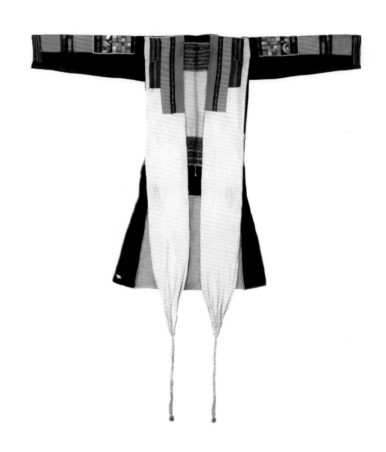

东华大学出版社

·上海·

内容提要

本书对广西少数民族服饰进行系统的梳理，按照民族进行分类，全面介绍广西各世居少数民族的服饰特点及其独特的服饰文化，并从审美情趣和文化寓意等角度对服饰色彩、图案和纹样等方面进行阐述，不仅能够让读者体会到广西灿烂的服饰文化，而且具有较强的服装设计实践指导作用。

本书可作为纺织服装院校服装专业少数民族服饰课程的教材使用，也可供热爱少数民族服饰的专家、学者和其他读者阅读和参考。

图书在版编目（CIP）数据

广西少数民族服饰 / 刘红晓，陈丽主编 . — 3 版 .
— 上海：东华大学出版社，2022.8
ISBN 978-7-5669-2095-9

Ⅰ . ①广… Ⅱ . ①刘… ②陈… Ⅲ . ①少数民族－服饰－
介绍－广西 Ⅳ . ① TS941.742.8

中国版本图书馆 CIP 数据核字（2022）第 137083 号

责任编辑：张　静
版式设计：唐　蕾
封面设计：魏依东

出　　　版：东华大学出版社（上海市延安西路1882号，200051）
本社网址：http://dhupress.dhu.edu.cn
天猫旗舰店：http://dhdx.tmall.com
营销中心：021-62193056　62373056　62379558
印　　　刷：上海当纳利印刷有限公司
开　　　本：787 mm×1092 mm　1/16　印张 10
字　　　数：230 千字
版　　　次：2022年8月第3版
印　　　次：2022年8月第1次印刷
书　　　号：ISBN 978-7-5669-2095-9
定　　　价：79.00元

广西拥有 11 个世居少数民族，每个民族都有其灿烂的文化，它们是各个民族人民创造和世代传承的宝贵财富。作为承载各个民族独有的文化基因和精神特质的民族文化，既是各个民族生产、发展的重要标志，也是中华优秀传统文化的重要组成部分。

由于现代化及网络信息发展的推动，少数民族地区以往封闭、消息滞塞的状况被打破，现代生活的理念逐渐深入人心。少数民族人民开始接受各种各样的现代生活方式，外界的文化和生活方式迅速影响并改变着他们原有的生活环境，他们的居住方式、民族服饰、语言习惯和节日活动等，都逐渐改变了。少数民族地区的部分人群，尤其是年轻一代，开始走出世代居住的村庄，到经济发达地区，选择全新的生活环境和生活方式。少数民族传统文化形成和发展的原生土壤在逐渐消失，本土文化正经历着无人继承的不断衰落及消亡的过程。在生活环境发生变化的过程中，随着掌握少数民族文化知识较多的年长者群体的消失，加之年轻一代也疏于对本民族文化的继承和学习，现代观念和生活方式的改变等，加速了少数民族传统文化的解体。如何切实有效地传承和保护少数民族传统文化，促进少数民族文化的新发展，是当代学者需要思考的问题。

民族传统文化是民族的根和魂，没有自己文化的传承，就意味着丢失了民族存在的根本。2017 年 1 月 25 日，我国发布并实施了《关于实施中华优秀传统文化传承发展工程的意见》，鼓励全国各地将当地的民族文化融入学校发展，开展有效的传承和发展。

本次修订以《关于实施中华优秀传统文化传承发展工程的意见》的精神为指导进行，修订原则是保持本书的传承性、经典性、人文性和知识性，让学生能了解和掌握广西 11 个世居少数民族及他们的服饰式样和文化内涵。

具体的修订内容：广西 11 个世居少数民族概述部分，结合最新的人口普查数据做了更新；瑶族的起源、瑶族的传统节日部分，内容上做了补充；桂林龙胜盘瑶女装服饰部分，增加了围兜、肩搭、女子盛装"羚羊角"帽式的内部结构等内容，使得阐述更加详实；茶山瑶女子服饰部分，在原有内容

修改说明

的基础上细分为银钗茶山瑶和絮帽茶山瑶两个支系，使得阐述更加详细和清楚；坳瑶男子服饰部分，内容上做了些修改，并增加了坳瑶男装刺绣纹样图案的内容；苗族服饰部分，由于2版中的阐述比较笼统，因此对纹样进行补充，包括巫术信仰类、自然崇拜类、图腾崇拜类和生殖崇拜类四个方面，使得内容更全面、丰富；织锦工艺部分，对瑶锦的内容做了补充，分析了瑶族织锦机和红瑶织锦的图案纹样，使得内容更充实；修订了苗族树汁染的内容；增加了侗族剪纸绣工艺的内容。

本书于2012年首次出版，2016年经修订形成第2版，本次修订形成第3版。鉴于本书已被广大读者接受，并被广西多所本科、高职和中职院校作为教材使用，本次修订力图保持其原有风貌，只针对叙述不够详尽的内容和不够清晰的图片进行修改、补充和替换。通过修订，笔者希望能让阅读本书的学生们更加热爱中华优秀传统文化，帮助他们更好地树立文化自信，养成更高的文化自觉程度，同时也希望本书能更适合广西地区开展广西少数民族服饰课程教学的各类院校使用。

本书为教育部人文社会科学研究一般项目"广西三江侗族刺绣服饰艺术及其应用研究"（项目编号18YJAZH037），广西哲学社会科学规划研究课题"广西苗锦元素服饰配件产品开发研究"（批准号17FMZ017），广西高校中青年教师基础能力提升项目"广西少数民族服饰元数据标准与应用研究"（项目编号2018KY0311）、"文化创意产业视野下侗族刺绣文化传承与发展研究"（项目编号2020KY08039）的阶段性成果。

刘红晓

2022年1月2日

◩ 前言

　　由于现代化进程的影响和经济全球化的冲击，少数民族服饰文化传承的生态环境遭受了严重破坏，许多富有特色的民族服饰文化、民族服饰的制作工艺已经失传或正在消失，越来越多的少数民族人民穿上了现代服装。在此背景下，必须对广西少数民族服饰进行抢救性保护，避免若干年后出现广西少数民族服饰彻底消亡的现象。本书对广西少数民族服饰文化进行系统的梳理，全面介绍广西各少数民族的服饰特点及各少数民族独特的服饰文化，并将服饰色彩、服饰图案纹样等从审美情趣和文化寓意等多方面进行阐述，不仅能够给读者分享广西灿烂的服饰文化，而且具有较强的服装设计实践指导作用。

　　本书由广西科技大学刘红晓、陈丽担任主编，并负责审稿和统稿工作。具体的编写分工：第一章第一、二、三节及第二章第二、三、四节由广西科技大学刘红晓编写；第一章第四、五节由广西科技大学陈丽编写；第一章第六、七节由柳州工学院于利静编写；第一章第八节由玉林师范学院曾霞编写；第一章第九节由广西科技大学沙磊编写；第一章第十节由广西科技大学严建云编写；第一章第十一节由东华大学张金鲜编写；第二章第一节由广西科技大学谭立平编写。书稿图片中部分模特为广西科技大学大学生艺术团模特队的成员；书稿图片中部分服装由广西科技大学服装设计与工程专业08级学生制作完成；部分图片由广西科技大学谭立平、刘红晓、朱林群、于哲菲拍摄；图像处理由广西科技大学陈丽、朱林群完成。

　　本书的编写得到了广西科技大学服装设计与工程专业08级全体师生，广西科技大学大学生艺术团模特队，广西各市、县服饰博物馆，以及东华大学出版社的大力支持，并获得了2011年度第二期上海市文化发展基金会图书出版专项基金的资助。在此，对以上单位和个人表示衷心的感谢！

刘红晓

2012 年 1 月 4 号

目录

目录

服饰篇

壮族服饰

1.1 壮族概述

　　壮族是我国少数民族中人口最多的民族，主要分布在广西、云南、广东、贵州、湖南和四川等地。据 2021 年 5 月 13 日公布的"广西第七次全国人口普查主要数据公报"显示，广西的壮族人口为 1572.2 万，约占广西总人口的 31.36%，约占全国壮族人口的 90%，主要聚居在桂西和桂中地区的南宁、柳州、崇左、百色、河池及来宾 6 市，其中靖西县的壮族人口比例最高，达 99.7%。

　　壮族是一个历史悠久的民族，在壮族聚集的柳江、来宾等地发现了大量原始文化遗址，证明在旧石器时代后期，这一带就有人类居住。据古籍记载，最早居住在今广西境内的有"百越"族群中的"西瓯"和"骆越"等部落。今天的壮族就是由这些部落发展而来的。

白衣壮女服

　　早在 2 000 多年前的战国时期，壮族先民西瓯、骆越人处于从原始社会向阶级社会过渡的阶段，农业和手工业已有了相当的发展。公元前 214 年，秦朝统一岭南，并设置南海、桂林、象三郡。从此，岭南地区正式纳入中央封建王朝的版图，壮族先民也成为统一多民族国家的一员。自秦汉开始，壮族先民进入奴隶制社会。唐宋时期，奴隶制解体，桂东地区壮族进入以地主经济为主导的封建制社会，桂西的壮族则进入以领主经济为主导的封建农奴制社会。在政治制度上，桂东地区自秦汉以后实行与中原地区一样的郡、州、县制度，而桂西地区直至唐代才设立"羁縻"州，宋、元、明、清实行土司制度，由壮族首领直接统治。清末民国初期，改土归流完成，结束了土司统治制度。

　　壮族的自称有 20 多种。东汉以后至唐、宋时期，壮族先民称为"乌浒人""俚人""僚人"。宋朝时期，广西南部出现"土人"，也是壮族先民，是相对外来汉族人而言的。僮，出现在南宋，是壮族族称的开始。南宋时也有称为"撞丁"，是应征打仗的"撞人"，居住在广西北部，即今河池地区。元朝时称为"撞人"和"撞民"。明、清时期，统治者推行民族歧视政策，将"撞人"和"撞民"称为"獞人"，带有侮辱之意，当时的"獞人"已分布在全广西；这一时期还出现了"侬人""俍人"和"沙人"等称谓，都是"僮人"的别称。

　　至民国时期，有反对民族歧视、压迫的进步学者将"獞"改称为"僮"或"僮"。新中国成立后，实行民族平等，统一称为"僮族"。1965 年，根据周恩来总理的提议，将"僮族"改称为"壮族"。壮，即健壮、兴旺、健康、发达之意。

1.2 壮族生活习俗

壮族实行一夫一妻制婚姻，历史上曾盛行"不落夫家"的婚姻习俗。女子结婚后仍定居娘家，仅在重大节日和农忙时节回夫家居住一段时间。二三年后或怀孕后才回夫家居住。至近现代，"不落夫家"的习俗已逐渐改革，但仍然盛行"入赘"的婚俗，即丈夫到妻子家居住，过去丈夫需改从妻姓，现在可以不改。青年男女恋爱主要通过对歌、赶圩等活动进行，双方同意后，即经过媒人进行说合。

壮族称屋为"干栏"，其主要形式有全干栏式、半干栏式和平房三种。全干栏房属全楼居式，上层住人，下层养牲畜和存放农具，是传统的住房形式。半干栏房以一开间为楼房，楼上住人，楼下养牛羊及放农具等；另一间为平房。平房多为三开间。这是当今壮族住房的主要形式。

壮族人死后，鸣炮报丧，取水浴尸。葬式有停棺葬、土葬和捡骨葬。

壮族的重大节日有"二月二""三月三""中元节""牛魂节""蚂拐节"。

壮族人民素以能歌著称，善于以歌来表现自己的生活和工作，抒发思想感情。青年男女恋爱有情歌，婚嫁有哭嫁歌、送嫁歌，丧葬有哭丧歌，互相盘考、比赛智力的有盘歌，宴请宾客有劝酒歌和节令歌，祈神求雨有祈祷歌，教育儿童有儿歌和童谣，等等。每年春秋两季，男女青年盛装打扮汇集到特定的场所进行对歌，这种歌会形式称为"歌圩"。壮族的舞蹈，具有鲜明的民族特点和浓厚的生活气息，如春堂舞、绣球舞、扁担舞等。戏剧有壮剧、师公戏等。

壮语属汉藏语系—壮侗语族—壮侗语支，分北部方言和南部方言。历史上，曾仿照汉字创造了方块壮字，称"土俗字"。中华人民共和国成立后，创制了拉丁字母的壮文，并逐步推行。

1.3 壮族服饰

1.3.1. 男子服饰

壮族男子服装，无论在款式、装饰还是色彩等方面，都比壮族女装简单得多，而且各区域的差别不大。过去，壮族男子服装的民族特色比较明显，因地域和生活习俗不同呈现一定差异，如今已基本汉化，穿戴打扮一如汉族传统男子（图1-1）。

图 1-1 壮族男子服饰

1.3.1.1 对襟短衫或大襟短衫

一般上穿蓝、青、黑色对襟短衫或大襟短衫，对襟短衫款式通常为无领或短立领、窄袖、下摆左右开衩，大襟短衫款式通常为无领或短立领、窄袖、右衽；下着普通家织棉布长裤。过去传统的下装为宽裤头、宽裤管、裤裆不分前后的大裆裤，现在已鲜有人穿着，只有较偏远地区的老年人还在穿着（图1-1、图1-2）。头包头巾或戴斗笠。包头巾的方法一般有两种，一是用3～4米长（一丈余长）的蓝、青布层层盘绕在头上；二是用3～4米长（一丈余长）的黑、蓝、青布层层盘绕在头上，并将布巾两端（或一端）留出，挂于头部两侧（或一侧）（图1-3）。隆林壮族男子戴的头巾有黑、白两种，夏秋两季多戴白头巾，冬天多戴黑头巾，将头巾折成二三层绕在头上，巾的两端交接于前额（图1-4）。

1.3.1.2 长袍

长袍在过去是壮族士绅和知识分子所穿的四季常服，体力劳动者一般不穿。款式为无领或短立领，右大襟，左右两开衩，长袍又肥又大，长及脚面。现在基本无人穿着，只有比较偏远地区的一些老年人还在穿着（图1-5）。

图1-3 壮族男子头巾

图1-2 壮族男子服饰

图1-4 隆林壮族男子头巾

图1-5 壮族男子长袍

图 1-6 壮族师公服

图 1-7 壮族师公面具

图 1-8 壮族师公旗

1.3.1.3 师公服

古代壮族先民对许多自然现象无法理解，也无力征服。面对自然界中的各种灾难，他们只能求助于神灵的保护，由此产生了"万物有灵"论。他们将这些自然物都视之为神，如地神、天神、水神、山神，从对自然的崇拜发展到对神灵的崇拜，并吸收道教、佛教的许多因素而形成了当地的民间宗教信仰，主要流行于红水河流域的壮族民间，有松散的组织，其成员均为男性，称之为"师公"。

请师公（巫师）主持祭祀仪式时，"师公"作为人与神的中介，戴面具，扮诸神，娱歌舞，祭天地，求四方。舞蹈的目的就是为了求神保佑五谷丰登、人畜平安、丁口兴旺、社稷太平。"面具"是壮族师公舞的主要特征之一，师公舞必须戴着代表神的形象的"相"，表达一种神秘气氛，暗示神的附体，人与神相通，天与地相连；师公舞还"舞赖于岳，以岳伴舞"。"岳"的壮语音译即鼓，师公舞是随鼓而跳的，"凡跳神之舞，必持神之器"。师公舞离不开法器，如刀、剑等，这样才能镇魔除邪，驱疫消灾。现在广西桂中、桂南、桂西北和桂东北壮族地区盛行的壮族师公舞，是从古代骆越人，即壮族先民的祭祀礼仪舞蹈中脱胎出来的，至今仍然是壮族人民各类重大祭祀活动中必不可少的一种形式（图 1-6 ~ 图 1-8）。

1.3.2 女子服饰

广西壮族占全国壮族的 90%，服饰多样。由于受汉文化的影响，桂东地区的壮族服饰逐渐改为汉式，但桂西、桂北、桂南地区仍保持鲜明的民族特色。依据人们的习惯，本书将壮族女子服饰按颜色进行划分，共分为五类，即"白衣壮""蓝衣壮""青衣壮""灰衣壮"和"黑衣壮"。

1.3.2.1 白衣壮

广西北部地区的壮族女子服装为上衣下裤

式样。桂林一带的壮族女子上身穿白色V领对襟短上衣，胸前有两组"一"字形盘扣，袖口处镶有一道花边，内穿深蓝色或小花胸兜；下着黑色或深蓝色长裤，膝盖以下部分镶有一宽一窄两条花边；包印花头巾。服装整体深浅对比，内外映衬，显得清爽秀丽、简单大方（图1-9、图1-10）。

1.3.2.2 蓝衣壮

广西的西部、西南和南部地区，百色、崇左、河池、贵港等地的壮族女子服装为上衣下裤式样。上衣为蓝色右衽大襟衣，款式多为无领或短立领，纽路从领口经右边腋下至右侧底边处，多采用布扣形式。

图1-9 桂林龙胜白衣壮女子服饰

图1-10 桂林龙胜白衣壮女子头巾

百色、贵港、崇左龙州地区的响水、逐卜等地的壮族女子，一般着蓝色上衣，不加任何装饰（图1-11）；崇左霞秀、上降、八角、彬桥、水口、武德、上龙、上金等地则在领口处加装饰，在蓝色面料上，从前领口向右腋开襟处加缝宽约10厘米(3寸)、长约10～20厘米(3～6寸)的黑布大边（图1-12）。

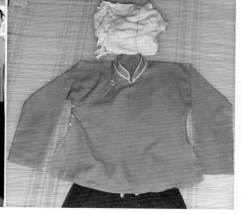

图1-11 百色壮族女子服饰

图1-12 贵港、崇左壮族女子服饰

　　河池天峨、东兰地区的女子习惯在蓝色立领右衽大襟衣外加一件胸兜，上端系挂脖颈，中间系于腰后，胸兜与上衣齐或比上衣长3.3～6.7厘米（1～2寸），胸兜上方用五色丝线绣有鸟、兽、蝶、花草等图案（图1-13、图1-14）。

图1-13 河池天峨壮族女子服饰

图1-14 河池东兰县壮族女子服饰

　　百色靖西、乐业地区女子的大襟衣领口处的镶边很宽，领口镶边由前至后，围绕一圈。靖西一般采用黑布镶嵌（图1-15），而乐业一般采用刺绣花边镶嵌（图1-16）。

1.3.2.3 青衣壮

　　青衣壮是指崇尚青色的壮族支系，主要分布在广西北部的柳州融水、广西西南地区的隆林革步、金钟山一带。"青衣"的制作类似侗族的"亮布"，将土布经数次蓝靛染色，再进行捶打，直到布非常光亮为止。

图1-15 百色靖西壮族女子服饰

隆林地区的青衣壮为上衣下裤式样。其上衣非常有特色（图1-17、图1-18），内衣和外衣搭配穿着。外衣无领右衽，采用青布缝制，领口及领口右侧第一粒布扣处镶银铃组成的银花作为装饰；内衣一般采用绿色或蓝色布料缝制，短立领，立领上镶嵌黑色条带；外衣袖宽且短并镶嵌黑色条带，内衣袖镶嵌由黑色条带组成的锯齿形、菱形、三角形等图案，窄而长，内、外衣形成两层衣袖，美观大方。据说，衣领和衣袖上的纹样来源于一个远古的传说：

很久以前，青衣壮的先民们在一起过着平实的生活。一天，山洪爆发，房屋被冲毁，人群被冲散，人们扶老携幼往高坡上奔跑。洪水过后，人们发现原来的山坡已经被洪水围成一个个孤立的小岛。从此，人们各据山头，彼此相望，沟通起来非常困难，怎么办？这时，聪明的壮民伐木造船，靠船摆渡，恢复了家园的重建。于是，尽管江河横流，但青衣壮人摇着小船，早晚相聚，依然优哉游哉。为了难以忘怀的历史，后来青衣壮把这一故事记载在衣服上：以不同颜色的波纹比喻江河，以不同形状的线条比喻小船，以三角形的图案比喻新建的家园。

图1-16 百色乐业壮族女子服饰

图1-17 百色隆林革步、金钟山地区的壮族女子服饰

图1-18 百色隆林地区的壮族女子服饰

图 1-19 柳州融水地区的壮族女子服饰
（融水服饰博物馆藏）

柳州融水地区的壮族人，因与当地侗族长期杂居，也喜欢穿着以侗族"亮布"制作的服装，其款式为上衣下裙式样（图 1-19），上衣为对襟短衣，内穿胸兜；下穿无纹饰百褶裙；裙外加围裙，围裙为四方形并系于腰间，长至膝上，围裙正面由三块布拼合而成，其中两侧的两块布为同一花色，围裙腰头一般采用白底花布。

1.3.2.4 灰衣壮

广西西部地区的壮族女子服装为上衣下裤式样。河池南丹、东兰部分地区的壮族女子多穿自织的细花格灰色衣裤（图 1-20），上衣无领、右衽大襟，在肩、袖口、襟边镶黑色宽边和窄边，其上绣五彩花卉纹样；裤子一般为蓝色或黑色长裤，裤脚部位镶嵌动植物花纹。

1.3.2.5 黑衣壮

黑衣壮因其服装从头到脚只有黑、青两色而得名，一般分布在广西西部、西南和南部地区。

图 1-20 河池南丹、东兰地区的壮族女子服饰

a. 上衣下裙

广西西部、西南和南部地区，以百色隆林、那坡、崇左大新为代表的部分地区，还保留着比较原始的裙装式样，即上衣下裙、裙内穿裤。

百色隆林地区壮族女子服饰（图1-21）：

上衣为交领右衽短衣（衣长至臀围线），白色领口，领口中下部有刺绣花边。裙子为百褶裙，整体分为裙腰、裙摆、裙边三个部分，裙腰以厚重的土白麻布缝制，裙摆为靛蓝染色布，裙边为精细的蜡染几何纹样；裙子由许多细密、垂直的褶皱制成，少则数百褶，多者上千褶，裙的两端配有两条长短不一的绣带，绣带末端接彩须穗子，制作工艺繁复，但美观大方、经久耐穿。在裙子里面套裤子，裤子款式简单，多为黑色土布。服装整体分为三层，短衣及臀、裙子及膝、长裤过脚，犹如层楼叠起、错落有致，被当地人称为"三层楼"式服装，基本分为黑、白、蓝三色。女子以黑衣、黑裙为礼服，仅在结婚、赴宴、新年等喜庆活动时和冬季穿着。白衣、白裙、黑裤，为平常劳动服，布料比较粗糙；蓝衣、蓝裙、黑裤或蓝衣、黑裙、黑裤或黑衣、蓝裙、黑裤或白衣蓝裙黑裤等，为一般日常装。

百色那坡地区壮族女子服饰（图1-22）：

女子服饰通身采用黑色面料，上衣有两种式样，分别为对襟立领短衣和交领右衽短衣（衣长及腰），布扣一般用红色，胸前、衣边、衣角、袖口处用红色或黄色布条镶边；下着筒裙，平时裙底撩起掖在腰间，仅在结婚、赴宴及盛大节日时才将裙子放下来；裙子里面着裤。

崇左大新县板价壮族女子服饰（图1-23、图1-24）：

上衣为无领右衽短衣（衣长不及腰），襟边、底边、袖口处镶花锦；肩部围一块披肩，披肩有黑、蓝两色，形状为方形，披肩四周镶红边或刺绣花边；裙子为百褶裙，裙底边镶花锦。因上衣较短，被当地人称为"短衣壮"。

图1-21 百色隆林"三层楼"壮族女子服饰

图1-22 百色那坡壮族女子服饰

图1-23 崇左大新短衣壮青年女子服饰

图 1-24 崇左大新短衣壮老年女子服饰

b. 长袍

崇左大新、龙州一带的壮族女子外穿长袍、内着裤。长袍均为短立领右衽大襟衣，长至小腿中部。龙州地区的长袍从腰部开衩，彬桥乡一带的长袍在开衩和底摆处镶花锦边（图 1-25）；上降乡一带的长袍不加任何纹饰（图 1-26）。大新地区的长袍肩部围上一块披肩，披肩有黑、蓝两色，形状有方形和圆形两种，四周刺绣几何形花边（图 1-27）。百色西林地区的壮族女子服饰与崇左大新、龙州地区的款式相同，为短立领右衽大襟衣，只是衣长至膝，其长度较崇左地区短，襟边、袖口镶花锦，腰间系花锦带（图 1-28）。

图 1-25 崇左龙州彬桥壮族女装

图 1-26 崇左龙州上降壮族女装

图 1-27 崇左大新长衣壮女子服饰

c. 上衣下裤

黑色上衣下裤式样的服装分布在广西大部分壮族地区。裤子样式基本相同，即大裤腰、宽裆、宽裤腿，有的在离裤脚数寸处用花边镶嵌，有的不镶，裤腰一般接不同色的布。上衣一般有两种款式，一种是对襟衣，另一种是右衽衣（图 1-29、图 1-30）。各地形制大同小异，如河池东兰一带的壮族女装，其上衣外加一件胸兜，上端系挂于脖颈，中间系于腰后，胸兜与上衣齐或比上衣长 3.3 ~ 6.7 厘米（1 ~ 2 寸），胸兜上方用五色丝线刺绣有鸟、兽、蝶、花草等图案（图 1-31）。

图 1-28 百色西林壮族女子服饰

图 1-29 百色隆林壮族女子服饰　　图 1-30 崇左龙州壮族女子服饰　　图 1-31 河池东兰壮族女子服饰

1.3.3. 头饰

壮族女子的头饰丰富多彩，并呈现明显的地区差异性。

居住在广西西南地区的百色隆林沙梨、者浪、者保、河池东兰、崇左龙州一带的壮族女子喜欢用白头巾包头（图 1-32 ～ 图 1-34 ）。一般来说，头巾两端都织有黑色或绿色的细花纹，呈小方格图案，末端有白色垂线悬挂。更讲究的则在头巾两端绣上花纹图案，显得清新淡雅。当白色的头巾软软地覆盖在壮族女子的头顶时，就像一朵纯洁的白云在头上轻轻漂浮。

图 1-32 百色隆林沙梨、者浪、者保一带的白头巾

图 1-33 河池东兰一带的白头巾　　图 1-34 河池天峨一带的蓝头巾

　　河池天峨一带的壮族妇女喜欢用蓝色头巾（图1-35），而附近的界廷、岩茶一带的壮族青年女子喜欢用方格头巾（图1-36），这种头巾以白线为经、青线为纬，用织布机织成，当地称为"花头巾"；老年女子裹黑色头巾（图1-37）。这些头巾都是自织、自染而成的。

　　百色隆林革步、金钟山、西林一带喜用青头巾和黑头巾缠头（图1-38、图1-39）。

　　百色那坡地区的黑衣壮成年女子发式为绾髻，头上插班簪、头笼、头钗、头花等。头笼和头钗交叉插上，起固定作用，再插上6朵头花，并用一条玉环珠带（有黑、红、蓝、紫色）绕着6朵头花。头笼为银质，刻有龙纹，还有其他花纹。班簪也是银质，刻有玫瑰或其他花纹图案。

图1-35 崇左龙州一带的白头巾

图1-36 百色隆林界廷、岩茶一带的青年女子方格头巾

图1-37 百色隆林界廷、岩茶一带的老年女子黑头巾

图1-38 百色隆林革步、金钟山一带的青头巾

头花为未婚或已婚但尚未落夫家的女子佩戴，已落夫家的妇女只戴头钗（图1-40）。若盖上黑头巾，6朵头花及头钗、头笼、班簪仍露在外面（图1-41）。

百色那坡地区的青年女子戴的黑头巾一般为三角形，其左右两边的布角自然垂下，如房脊一般（图1-42）；老年女子的头帕比较随意，其左右两边的布角和青年女子的头帕一样，也自由垂下（图1-43）。

贵港、桂林、崇左等地还有不同的头帕式样（图1-44～图1-46）。

图1-39 百色西林地区的黑头巾

图1-40 百色那坡地区的女子发髻

图1-41 百色那坡地区的黑头巾

图1-42 百色那坡地区的黑衣壮成年女子头饰

图 1-43 百色那坡地区老年女子头饰

图 1-44 贵港壮族女子蓝头帕

图 1-45 崇左大新壮族女子花头帕

图 1-46 桂林龙胜壮族女子花头帕

1.3.4. 银饰

　　壮族女子佩戴的银饰较多，有耳环、耳坠（图1-47）、项圈、项链等。百色西林地区的黑衣壮女子的项圈一般成对佩戴（图1-48）。百色那坡的黑衣壮女子同时戴大小两个项圈，大项圈两端双面都雕刻有草叶、花纹的图案，小项圈刻有动物的图案。银项圈上扣有两串银链，垂于胸前（图1-48）。项圈一般表达美好的祝愿，如长命百岁、富贵安康、多福多寿等含意（图1-49）。壮族3岁以前的婴孩一般都戴银饰帽。帽的表层一般绣有花草、龙凤、麒麟、鱼、鸟、蝴蝶、缠枝花等寓意吉祥的装饰图案和文字等。帽檐还缀有银花，以及各种由银、铜或锡制成的响铃等吊饰和罗汉像，罗汉像通常以18个为一组进行缝缀（图1-50）。

图1-47 百色西林地区女子银饰

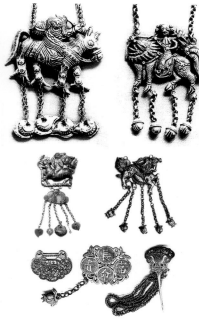

图1-48 百色那坡地区女子银饰　　　　　图1-49 各类长命锁　　　　　图1-50 儿童银饰帽

1.3.5. 鞋

壮族花鞋是壮族刺绣工艺之一，又称绣鞋（图1-51）。鞋底针法有齐针、拖针、混针、盘针、堆绣、压绣等。在色彩上，年轻人喜欢用色地绣花，常用石榴红、深红、青黄、青绿等艳丽的色彩，纹样有龙、凤、狮子滚绣球、蝴蝶、花、鸟、雀等；老年人多用黑、深红等厚重的颜色，纹样有云、龙、凤、狮兽等。

图 1-51 壮族花鞋

1.4 壮族服饰图案

清代《柳州府志》记载："壮人爱彩，凡衣裙巾被之属，莫不取五色绒以织布，为花鸟状，远观颇工巧炫丽。"传统的壮族服饰纹样有菱形纹、回形纹、云雷纹、鸟兽纹，并配有卍字花、水波浪、七字花、山峦风景等。图案左右对称、线条粗犷、花纹规整，部分花芯还做了逐花异色的配色处理，使色调对比强烈，织物色彩斑斓、品质精良。

色彩多采用大红、黑、青、杏黄、翠绿、棕红或白为地色，纹纬则配以对比强烈的色调，色彩鲜明而悦目，纹样极为绮丽。无论织锦或刺绣，壮族人喜欢以菱形纹为骨架，以粗线条构成的花鸟、鱼蝶类等与大自然相关的题材为主花，并做骨架内填充；或另以回纹、卍字纹、水波浪等做地花，并以变形的龙凤和鸟兽纹做有规律的组合排列，使图案在布局上严谨而富于变化，达到既端庄肃穆又豪放爽朗的效果，具有浓厚的装饰气息（图1-52～图1-64）。

图 1-52 壮锦单独植物纹样

图 1-53 壮锦单独动物纹样

图 1-54 壮锦背带芯纹样

图 1-55 壮锦背带芯纹样

图 1-56 双凤朝阳壮锦被面

图 1-57 蝶恋花、双凤朝阳壮锦被面

图 1-58 菱形纹凤凰、太阳花壮锦被面

图 1-59 狮子滚绣球壮锦被面

图 1-60 龙凤呈祥壮锦被面　　　　　　图 1-61 二龙戏珠壮锦被面

图 1-62 回形纹壮锦被面　　　　　　图 1-63 卍字纹壮锦被面

图 1-64 综合图案壮锦被面

2 瑶族服饰

2.1 瑶族概述

　　瑶族是我国南方少数民族之一。据《2015年广西壮族自治区1%人口抽样调查资料》显示，广西的瑶族人口为195.19万，约占广西总人口的3.27%，约占全国瑶族人口的60%。在广西的81个县市中，69个县市都有瑶族人居住，大分散、小聚居是瑶族分布的特点。"岭南无山不有瑶"，绝大多数瑶族居住在山区，其平均海拔在500~1000米。

　　瑶族是历史悠久的民族。关于瑶族的起源，多数学者认为，最早可追溯到蚩尤时期。蚩尤是中国远古的传说英雄人物之一，他与传说中的炎帝、黄帝是同时代人，距今约五六千年。当时，蚩尤活动的地域主要在黄河下游和长江中下游之间的济水、淮水流域。后来，蚩尤部落先后与炎帝、黄帝两大部落发生矛盾和战争。蚩尤部落战败后，其小部分成员臣服于炎、黄二帝，大部分成员则向南流亡，形成三苗部落，活动于江汉、江淮流域和长江中下流、洞庭彭蠡之间的广阔地域。三苗部落联盟，曾先后与尧、舜、禹为代表的部落集团多次进行激战，最后，禹部落彻底击败三苗。三苗部落联盟成员中，除小部分臣服于禹以外，大部分在洞庭、彭蠡一带形成荆蛮集团。先秦时期，楚人在荆蛮地域内崛起，建立了楚国。部分荆蛮人融为楚民，另一部分荆蛮人则被迫向南、向西迁徙，形成长沙蛮、武陵蛮和桂阳蛮。其中，长沙蛮、武陵蛮和今天的瑶族关系较密切，他们主要活动在今湘江、资江、沅江流域和洞庭湖沿岸一带。魏晋南北朝时期，长沙蛮、武陵蛮中的部分人被称为"莫徭蛮"。唐末宋初，居住在洞庭湖一带的瑶族开始向南迁徙。唐宋时期的文献多用徭役的"徭"来称呼瑶族，如"莫徭""蛮徭""徭人""傜人"等。除使用"莫徭"这个名称外，还混用"蛮""獠""山徭""山越""夷蜒"

白裤瑶男、女服正面

白裤瑶男、女服背面

等名称。元代时期，瑶族人大量南移，进入两广地区。封建统治阶级推行民族压迫和民族歧视政策，把"徭"字改为带有犬字旁的"猺"，出现了"猺""蛮猺""猺人"等带有侮辱性的称谓。在清代，沿袭使用"猺"字，史称"猺""猺蛮""猺人""猺民""山峒猺"等，这些称谓一直沿用到国民党统治时期。大约在20世纪20年代，位于广东的中山大学的一些学者提倡将"猺"之犬字旁改为人字旁，即"傜"字，从此一些学者开始使用单人旁的"傜"来称呼瑶族。中国共产党成立以后，主张各民族一律平等，取消了带有侮辱性的"猺"的称谓，改用"傜"字。中华人民共和国成立后，根据瑶族人民的意愿，又将"傜"字改为"瑶"字，统称为瑶族。

瑶族因居住地不同，语言有别，文化有差异，支系较多，主要有盘瑶、山子瑶、坳瑶、蓝靛瑶、白裤瑶、茶山瑶、背篓瑶等，多数分布在广西都安、巴马、金秀、富川、大化和恭城六个瑶族自治县，其余分散在贺县、凌云、田林、南丹、全州、龙胜、融水等47个瑶族乡。

瑶族村寨的规模小，多则几十户，少则三五户。房屋多为竹木结构，也有土筑墙，上盖瓦片，一般分为三间，中为厅堂，两侧为灶房和火堂，后作卧室和客房；在两侧设两门，一门为平时进出之门，一门为便于姑娘和情人谈情说爱进出之门；正面开设大门，为婚丧和祭祀时人们出入之门。

瑶族的恋爱比较自由。男女青年往往利用节日、集会和农闲时串村走寨的机会，通过对唱山歌的形式，寻找对象，双方合意，即互相赠送信物。《瓯江杂志》中就记载着瑶族"婚姻多赛于祠，踏歌相招，听其自合"。

过山瑶、山子瑶由于迁徙频繁，分散居住在山区，他们的村寨一般较小，相距也较远。农忙期间，各自忙于劳作，很少来往。农忙结束后，如有外村男女青年来作客，他们会十分高兴。入夜必邀约对山歌，有时会通宵达旦歌唱，也有连唱两三个夜晚的。这是他们最欢快的娱乐，也是青年男女互相接触、认识和了解的好机会。

金秀茶山瑶有"爬楼"的恋爱方式。男女成年后，便可自由社交。恋爱时，小伙子们会爬上姑娘们居住的门楼，与姑娘们谈情说爱。一般是集体进行，数个小伙子一起爬上几个姑娘约集的门楼，各坐一边，与姑娘们唱"香哩歌"和交谈，从中寻找知己。如果男女双方已确定恋爱关系，听到心上人熟悉的声音，姑娘就会出来，在小伙子爬楼时，助他一臂之力，使他顺利攀爬上楼。经过多次爬楼，双方感情渐深，便互赠礼物。姑娘常把自己绣的腰带、编织的草鞋送给小伙子，男方则送给女方银手镯和彩色丝线，这样就算定情了。

瑶族的节日较多，有动植物崇拜类和祖先崇拜类的宗教祭祀节日，如富川平地瑶农历二月初一的招鸟节，金秀山子瑶农历四月初九的禾魂节，金秀茶山瑶农历六月初六的尝新节，全州东山瑶和桂林龙胜红瑶农历六月初六的护青保苗节，农历五月二十九日达努瑶众多支系的达努节，以及各瑶族支系统一的盛大节日——农历十月十六日的盘王节；还有农业生产类节日，如大瑶山一带瑶族农历三月和七八月的修路节，田林、富川、桂平地区的瑶族农历四月初八的牛生节等；再有田林木柄瑶农历正月初三的铜鼓节，桂平、桂林龙胜地区农历六月初六的晒衣节等民俗娱乐类节日。瑶族节日活动丰富多彩，小节几乎月月有。

关于盘王节的来源，民间传说不尽相同。一是源于祭祀始祖"盘瓠"或"蓝公"。据盘瑶民间传说，古时评王与高王久战不胜，评王许愿：谁能杀高王，即赐予三公主成婚。评王身旁的龙犬盘瓠渡海杀高王，被评王招为驸马，并被封为南京会稽山十宝殿王，自称盘王。婚后，盘王与三公主生下6男6女，自相婚配，传下12姓瑶族人。后来，盘王不幸被羚羊撞下山崖身亡。其儿女捕获羚羊，以其皮做鼓面，击鼓祭盘王。广西大化等地的布努瑶则传说，其始祖蓝公助评王打败高王，做了评王的驸马，传下蓝、蒙、罗、韦、潘等姓氏的瑶族。后来，蓝公被羚羊所害，他的儿女为报父仇，经历12年追逐，才将羚羊捕杀，故每隔12年要举行一次祭蓝公始祖的活动。二是源于纪念盘古王。瑶族尊崇盘瓠，也尊崇盘古王。传说盘古王造天地万物，生下一男一女。某年洪水泛滥，天下受淹，人烟几乎灭绝，盘古王遗孤兄妹两人藏身于葫芦内得以幸存。因天意作合，兄妹成婚，生下一个肉球。哥哥以为不吉，将肉球剁成360块，抛入河中。妹妹急忙制止，将剩下的5块投掷于山冈上。次日早上，山冈上出现盘、李、邓、赵、蒋五姓瑶族。兄妹俩告知他们，盘古王是其始祖，此后瑶族便以祭盘古王来纪念其始祖。三是源于"还盘王愿"。传说古时天下大旱，颗粒无收，瑶族被迫离乡背井去逃荒。途中，12姓瑶族分乘12条船渡海，其间遭遇狂风恶浪袭击，有6条船被打翻。危急之中，瑶族烧香求始祖盘王保佑，并许下日后还愿的诺言。祈毕则风平浪静，瑶族脱险到达彼岸。后来，瑶族遵守诺言，举行盛大的"还盘王愿"活动，代代相传。盘王节的历史悠久，据晋代干宝《搜神记》记载，瑶族先民每岁"用糁杂鱼肉，扣槽而号，以祭盘瓠"。唐代时期，盘王节三年一庆，五年一乐。节庆期间，挂盘王神像，供牲畜祭品，男女击鼓唱笙歌。清代之后，盘王节的娱人成分逐渐增强。今之盘王节，冗杂繁琐的宗教祭仪已逐步改革，大操大办的浪费之风也有所节制，歌舞内容得到继承、发展和提高，逐步成为瑶族人民欢庆娱乐的传统民族节日。节日期间，人们唱《盘王歌》、《密洛陀》古歌、甲子被、信歌（瑶族信歌是指以歌代信）等，跳长鼓舞，男女青年还要耍歌堂，通宵达旦地对唱山歌，物色对象，情投意合者，互赠信物，以定终身。老年人亦利用节日交流生产经验，互相预祝来年丰收。

瑶族有本民族的语言，但没有本民族的文字，其语言属汉藏语系—苗瑶语族—瑶语支，部分属苗语支，少部分属壮侗语族。由于长期和汉族、壮族、傣族杂居，瑶族人都会说汉语，有的还会讲壮语和傣语。

瑶族民间工艺有挑花、刺绣、织锦和蜡染等，工艺精巧，历史悠久，颇负盛名。

2.2 瑶族服饰

据汉文史籍所述，早在《后汉书》中就有瑶族先人"好五色衣服"的记载，以后的史籍中也记载有瑶族人民"椎发跣足，衣斑斓布"的文字。从这些就可以看出瑶族人十分爱美。这种美，来自他们的劳动与生活，是朴实、丰富又千姿百态的自然美。多数瑶族服饰中有披肩，不仅起保护肌肤的作用，还是一种精巧的装饰，其色彩的丰富和制作的精细，并不亚于头饰；头部装饰的种类繁多，大都以长条彩带包头，层层叠叠地扎住头部，或扁或圆，或高或低，各自配上多色花巾、彩带或丝穗，风度翩翩。这些可以从各地瑶族的不同称呼上看出，如"花头瑶""大板瑶""盘瑶"等。大体而言，瑶族男子服饰上衣有右衽大襟和对襟衣两种，上衣一般束腰带，裤子各地长短不一，有的长及脚面，有的却至膝盖，大都以蓝黑色为主；头巾、腰带等处用花锦装饰。各地瑶族女子服饰的差异很大，有的上穿无领短衣，以带系腰，下着长短不一的裙子；有的上着长可及膝的对襟衣，腰束长带，下穿长裤或短裤；衣领、衣袖、裤脚上绣有各种美丽的彩色图案。瑶族喜爱的色彩为红、黄、绿、白、蓝等。有些地区的瑶族女子喜戴精美的银饰。今天的瑶族服饰仍然五彩斑斓、绚丽多姿，保留着六七十种传统服饰。

2.2.1. 盘瑶服饰

瑶族的祖先为盘王——盘瓠（龙犬），因此瑶族自称盘王的子孙，盘瑶因而得名。

2.2.1.1 男子服饰

盘瑶的男子服饰形制为黑布对襟或交领上衣，黑色长裤。来宾市金秀盘瑶男子外穿黑色右衽交领上衣，交领处镶8厘米宽的彩色瑶锦；下穿黑色长裤；包瑶锦头巾，头巾末端用流苏装饰；腰系彩带；平时上山劳动喜带火铳（图2-1）。桂平盘瑶的男子服饰与金秀盘瑶的男子服饰基本相同，不同的是：桂平地区男子在外衣外加一件瑶锦披肩，披肩前后镶有流苏；系绣花围裙；头部多用长条织绣花纹彩带包为圆盘状，在右侧耳后上方的圆盘上伸出一节彩带垂于肩部并在末端缀有丝穗；下穿黑色长裤，腿上扎有百花纹的绑腿，用红丝带固定（图2-2）。百色田林盘瑶男子上穿褐色立领对襟短衣，下穿黑色长裤，立领、门襟、口袋、袖口、裤脚口有瑶锦装饰，包瑶锦头巾（图2-3）。贺州市贺县盘瑶男子服饰与桂平服饰较为接近，用织花瑶锦缠圆盘状头饰；披花披肩；上衣右衽交襟，织绣彩边；袖口饰红、黄、白、蓝、黑等色布条；系绣花围裙，腰扎数条锦带；下穿黑色长裤（图2-4、图2-5）。桂林临桂县十二盘瑶男子一般穿蓝、黑色交领右衽或对襟长衫，外披精心绣制的约8厘米宽的彩带，腰系白布，彩带吊于腰带左右两侧，下穿长裤，包蓝、黑色头巾（图2-6）。

图2-1 来宾金秀盘瑶男子服饰

图2-2 桂平盘瑶男子服饰（正面和背面）

图 2-3 百色田林盘瑶
男子服饰

图 2-4 贺州盘瑶男子服饰

图 2-5 贺州盘瑶男子盛装（百色右江民族博物馆藏）

图 2-6 桂林临桂县十二盘瑶男子服饰

图 2-7 田林盘瑶女服

图 2-8 田林盘瑶女土布长衫
（百色右江民族博物馆藏）

图 2-9 田林盘瑶女子服饰
背面的"金棒"装饰

2.2.1.2 女子服饰

盘瑶居住地区广阔，各地服饰不尽相同，但服饰色彩较为一致，基本都是蓝靛染成的青黑色，上面饰以红色织锦或绒球，所包头巾，不管是圆盘状还是尖头状，多采用红、黄等暖色调的织锦。其主要原因为传说瑶族始祖盘瓠是一只五彩斑斓的龙犬，因此瑶族男女着五彩纹服装，以示不忘祖先。

a. 百色田林盘瑶服饰

百色田林地区的女子用六七米长的黑地绣有通天大数纹的头巾包头，层层缠绕，在额前交叉呈人字形（图2-7）；穿青黑色长过膝盖的右衽交领衣，胸前刺绣瑶锦，并镶嵌方形银牌，袖口有刺绣装饰，下摆从腰部开始左右两边开衩，开衩处镶蓝边（图2-8）；外披瑶锦披肩，披肩四周镶有红绒球，披肩后背处挂几十根饰黑白珠串的粉红色丝穗的"金棒"装饰，挑花和红色绒球披肩传说代表龙犬死时吐的鲜血（图2-9）；下穿黑色或蓝色长裤，围黑色镶宽蓝边的长围裙，系六七米长的腰带，腰带外再系上有绣花、珠串与丝穗装饰的围腰。

b. 桂平盘瑶服饰

桂平地区的女子包头样式繁复，大都以长条彩带层层缠绕，先用红色织花带缠头，再用黑、白或红、黄的织花带缠成盘状，再在头上盖一块织绣十分精美的边沿均缀有红色丝穗的瑶锦。上衣是青黑色右衽交领上衣，交领有刺绣花边，前短至腹，后长至小腿，瑶族上衣多为前襟短而后襟长，称为"狗尾衫"。上衣外披两层披肩，里面一层披肩的前胸为对襟，后背长至腰间；最外面的披肩的前胸上部缀4个横向排列的银牌，下部为3排纵向排列的几十根串着黑白串珠和红丝穗的"金棒"，后背装饰与前胸部位基本相同，吊着几十根"金棒"。"金棒"是盘瑶服饰的特色装饰之一。腰束7条锦带，系蓝边黑地绣花小围裙，腰后系一条红线连成的腰裙。下着裤脚有宽花边的织锦裤。全身形成黑色与红、黄相配的对比强烈的色调，非常艳丽（图2-10、图2-11）。

图 2-10 桂平盘瑶女服（背面、正面和侧面）

图 2-11 桂平盘瑶女服

c.来宾金秀盘瑶服饰

　　来宾金秀盘瑶女子用白土布缠头，形成上大下小的圆台形，再用瑶锦带缠在白土布之外，锦带上饰有珠串，左右两耳上方的锦带上分别垂下 9 束彩穗，头顶覆盖瑶锦（图 2-12）。上穿长六十余厘米的右衽交领衣，无领无扣，左右襟镶有瑶锦窄花边，袖口用红色布镶边。腰系一块黑地绣花小围腰，镶蓝色宽边。下穿深色长裤，用白色腰带缠腰，再用一条彩线绣成的花腰带缠紧，腰带两端有三十余厘米的彩穗垂于腰的两侧。右衽交领衣外有两层披肩，里面一层披肩的前胸为对襟，后背长至腰间（图 2-13、图 2-14 左）；最外面的披肩的前胸上部缀 4 个横向排列的银牌，下部为 3 排纵向排列的着几十根串着黑白串珠和红丝穗的"金棒"，后背装饰与前胸基本相同，吊着几十根"金棒"（图 2-13、图 2-14 右）。

图 2-12 来宾金秀盘瑶女服

图 2-13 来宾金秀盘瑶女服上衣
（正面）

图 2-14 来宾金秀盘瑶女服两层披肩（背面）

图 2-15 来宾金秀"小尖头"盘瑶

来宾金秀、桂林荔浦一带的部分盘瑶称为"尖头瑶"（图 2-15，图 2-16），头戴圆锥形的竹笋壳，形成尖顶状，再用红、黄等色的锦带层层扎紧并将带端的丝穗留在头的两端，因头饰比贺州的"尖头瑶"小，故而称为"小尖头"，其服饰与金秀盘瑶基本相同。

d. 贺州盘瑶服饰

贺州贺县的女子头戴由十余层彩布和瑶锦组成的尖塔状帽子，瑶锦末端吊有黑白珠串及红线穗，盛装时其帽檐厚约 20 厘米，高约 50 厘米，重约 20 千克，由于帽顶为尖头状，造型又比较巨大，因此又称为"尖头瑶"或"大尖头"（图 2-17、图 2-18）。据说戴上这种尖头帽进密林、入草丛，均可"打草惊蛇"，免受其害。其服饰与其他盘瑶服饰基本一致，上衣为右衽交领长衫，腰部以下两侧开衩，交领部位镶花边，袖口用彩布条和花边装饰；披绣花、镶边、缀流苏的披肩；下穿黑色长裤；系镶有多层花边的黑色围裙，用花腰带将围裙系紧；随身挎彩布条镶饰的挎包。常装的装饰较少，不佩戴银饰、披肩和围裙。

图 2-16 桂林荔浦"小尖头"盘瑶

图 2-17 贺州"大尖头"盘瑶的
正面和背面

图 2-18 贺州"大尖头"帽

e. 桂林龙胜盘瑶服饰

桂林龙胜各族自治县的盘瑶服饰女子盛装为对襟黑色或蓝色长衫。衣长及大腿中部，门襟处刺绣花纹，常见花纹有水波纹、卍字纹和牛牙纹（图 2-19），上衣门襟内装饰围兜（图 2-20）。腰部用宽 20 厘米、两端吊挂红色丝穗的腰带系扎镶蓝色宽边的围裙。肩部披黑色肩搭，其两端及中间各绣一个太阳花纹，并在太阳花纹处装饰五彩丝线（图 2-21）。头部包黑色头帕。下穿长裤，裤脚采用横针法绣有三层图案，每层有 8 个方格。每层方格的图案基本相同，但色彩不同：最下层为卍字纹；中间层为四季花，寓意四季平安；最上层为山峦图，代表着盘瑶居住地的的环境秀美（图 2-22）。少女盛装时，服装款式相同，不同处在于头饰——"羚羊角"。相传盘瑶始祖瑶王被一只羚羊撞下山崖而身亡，悲痛的瑶族人民将那只羚羊杀死，然后用它的角做成帽子，即"羚羊角"，以此世世代代纪念瑶王。现在的"羚羊角"则采用竹子做骨架，用木头和铁丝搭成羚羊角的形状，骨架以黑布缠裹（图 2-23），其外面再用瑶帕覆盖，瑶帕正中间绣有瑶王印，四周绣有卍字纹、八角花、桐树花等图案，并在瑶帕四周装饰串珠和流苏等（图 2-24）。

图 2-19 桂林龙胜女子
上衣衣襟刺绣图案

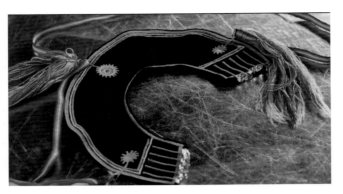

图 2-21 桂林龙胜盘瑶女子肩搭

图 2-20 桂林龙胜盘瑶女子围兜

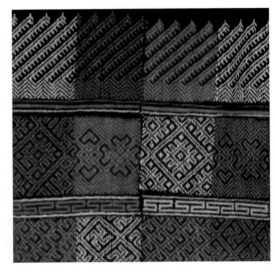

图 2-22 桂林龙胜盘瑶女子裤脚图案

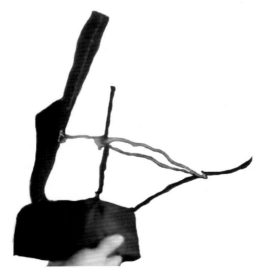

图 2-23 桂林龙胜盘瑶女子盛装"羚羊角"内部结构

图 2-24 桂林龙胜盘瑶女子盛装

f. 桂林临桂县盘瑶服饰

广西临桂县的盘瑶服装与桂林龙胜地区的盘瑶服装款式基本相同：上衣下裤，上衣为蓝、黑色对襟长衫，衫外绕过颈部另加一条宽8厘米左右的瑶锦彩带（图2-25），女子的头饰外形独特，被称为"凰冠"（图2-26）。

图 2-26 临桂盘瑶女子（凰冠内部结构）

图 2-25 临桂县盘瑶女服

g. 桂林阳朔盘瑶服饰

广西桂林阳朔的盘瑶服装款式：上衣下裤，上衣一般为黑色或深蓝色，交领右衽，腰间系扎白色腰带，领口有花锦装饰，袖子从上臂中部开始以花锦装饰，分4层，依次为花锦、白底印花布、黑底印花布、红地印花布；下着7分宽腿裤，裤子从大腿中部开始有花锦装饰，与袖子相同，也分4层；头部大都以长条彩带层层缠绕成盘状（图2-27）。

图 2-27 阳朔盘瑶女子服饰

图 2-28 来宾金秀"小尖头"盘瑶新娘盛装

2.2.1.3 盘瑶婚礼盛装

瑶族的婚礼服最为漂亮、豪华，是极为夸张的服饰。新娘礼服，也叫"合衣"，合衣由四块头巾、两件上衣、一条腰带、两条裤子组成。四块一式的头巾，用长73.4厘米（2尺2寸）、宽66.7厘米（2尺）的布制作，以红、橙、黄、绿、青、蓝、紫七色丝线，绣满鸡冠花、重幼花、万寿花和大木花，周围用红、蓝、青三色花边，紧靠花边的是180朵鸡冠花，呈花环状，花环两边绣着16朵重幼花，两边各挑上5组红、白相间的万寿花。头巾的中心图案是40朵山茶花。合衣的裤子为直筒宽脚黑布裤，膝盖以下全挑花，花的图案成横向排列，共分8线，分别是金花、银花、针叶花等（图2-28）。新娘的合衣必须自己缝制，不能让人代做，制作时专心致志，倾注感情，因为这是标志自己对幸福美满生活的向往。新郎婚服由母亲制作。各支系的婚服虽然不尽相同，但都选用红色。瑶族不仅有崇尚黑色的习俗，同时也崇尚红色，他们认为红色象征吉祥如意，可以辟邪除疫。婚礼时男女皆全身披红。贺州盘瑶的新娘除全身盛装外，头上佩戴二三十层瑶锦的"大尖头"帽（图2-29），并在帽子外戴上绣有瑶王印的红地花边的盖头和红色的斗篷（图2-30）；新郎也要穿红色的斗篷（2-31）。

图 2-30 贺州"大尖头"盘瑶戴盖头和斗篷的新娘装

图 2-29 未带盖头和斗篷的新娘装

图 2-31 新郎装

图 2-32 融水花瑶男子常装

图 2-33 三岔银锥头巾

2.2.2 花瑶服饰

2.2.2.1 男子服饰

融水花瑶男子常装用黑色头帕将头包成很高的圆筒状，头帕两端有彩穗从包头顶部自然下垂。他们喜将多件上衣重叠穿在身上，内衣为浅色对襟短衣，外衣为右衽黑布衣，并且从里到外，一层比一层短，衣摆依次露出2厘米，最外一层衣长约50厘米，一眼望去，所穿衣服尽收眼底；下穿黑色窄腿长裤，犹如马裤一般，显得彪悍利索（图2-32）。遇到盛大节日，男子进芦笙场必须穿盛装，上身内穿蓝、黑色对襟短衣，外穿对襟或右衽斜襟马甲，马甲较内衣短2厘米左右；头部戴三岔银锥头巾（图2-33）；颈部戴银项圈和银压领（图2-34）；下穿黑色窄腿长裤。

图 2-34 融水花瑶芦笙舞盛装

2.2.2.2 女子服饰

柳州融水花瑶发式特别讲究，将长发分成多股在头上盘成髻状。少女的发型突出标志是将发梢扎成圆拱状发圈，结婚后拱形发圈消失（图2-35）。上身穿"亮布"交领右衽衫，交领处缏白边，衣长前仅至脐，后至小腿中部，称为"狗尾衫"（图2-36）；内穿多层胸兜，长至腹部；下穿黑色百褶裙，裙摆镶彩色花边，打黑绑腿。

图 2-35 柳州融水花瑶女子服饰

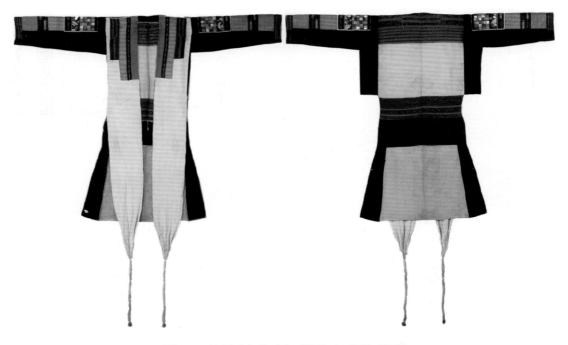

图 2-36 柳州融水花瑶女子服饰（正面和背面）

2.2.3 板瑶服饰

　　柳州融水同练乡的板瑶族女子的盛装很有特色，长发盘于头顶后用黑布包缠，再戴上人字塔形木架，冠上披瑶锦，挂串珠、银链、五彩丝穗，插银牌、纸花，彩线交织，色珠串串，极为富丽，称为"狗头冠"（图2-37）；上身穿"亮布"右衽交领衣，内穿圆领"亮布"背心，背心胸前从领口到腹部缀有数十粒圆形银牌和一枚长方形大银牌（图2-38）；下穿长至膝盖的百褶裙，裙内穿黑布长裤，裙外扎七彩条纹百褶围裙。常装与盛装的区别在于头巾，常装无需佩戴"狗头冠"（图2-39）。

图2-37 融水板瑶盛装"狗头冠"

图2-38 融水板瑶盛装女服

图2-39 常装

2.2.4 蓝靛瑶服饰

2.2.4.1 男子服饰

　　蓝靛瑶多穿对襟翻领黑布衣，领口、袖口有刺绣花纹，胸前戴长20厘米左右的流苏带，着黑长裤，包黑色流苏头巾（图2-40）。

图 2-40 百色田林蓝靛瑶

2.2.4.2 女子服饰

百色田林一带的瑶族女子服装款式基本相同，但头饰样式较多。上衣为翻领黑色对襟上衣，衣后摆长及膝关节，平时常将前片下摆提起扎于腰间（图2-41），有些将前后片下摆都提起扎在腰间（图2-42）；衣领、衣襟、袖口绣小花边，胸前饰四束长近20厘米的红色丝穗并用银花固定在领前；外披长约100厘米、宽约60厘米的黑色镶瑶锦边的披肩，用红色织带系于胸前，带上饰有红穗、珠串和银牌（图2-42）。

图 2-41 百色田林八渡蓝靛瑶女服

图 2-42 百色田林八渡蓝靛瑶女服

下装是宽裤筒、青黑色长裤。百色田林八渡、凌云一带的部分瑶族喜用白色棉线扎头。百色田林八渡一带的瑶族常将长发卷于头顶并用一大束白色棉线扎住头发，用形如圆盘状的银头盖将头顶盖住，银头盖的四周有3排银币式的饰物；在额前包上多层蓝白花头巾，再将白棉线从两侧绕至前额，遮住前半部银头盖，用多串银珠捆扎固定，形成别具一格的头饰（图2-43、图2-44）。劳动时瑶族女子在头饰上加一条较长的黑头巾，以保护银头盖和白棉线不受污染。百色凌云地区的瑶族女子盛装时在白色棉线外再加粉红色流苏带扎头（图2-45）；常装头饰用缏白边的黑布包头，并用白布系扎在头上（图2-46）。河池地区盘瑶服装与百色凌云地区完全一样，女子头饰与百色凌云地区盘瑶女子常装头饰几乎相同，主要区别在于河池地区在系扎的白布上扎一条粉

图 2-43 头饰正面

图 2-44 头饰背面

图 2-45 百色凌云的蓝靛瑶盛装（右为新娘妆）

图 2-46 百色凌云蓝靛瑶日常装

红色流苏带（图2-47）。百色田林八渡另外一部分的瑶族女子头饰，用红布帕包头，帕外戴银架步摇冠，并在两鬓处垂吊串珠、红丝穗和圆形银牌（图2-48）。百色田林八渡、利周一带的部分瑶族女子头饰，用五色瑶锦的长方形头巾搭在头顶，并用五彩串珠固定头帕（图2-49）。百色那坡地区的女子服装款式与田林地区基本相同，只是上衣不是翻领对襟而是右衽交领，头饰分两层，里层用白纱线似长发般覆盖在头上，外层用瑶锦流苏头巾固定在头上（图2-50）。

图2-47 河池蓝靛瑶

图2-48 百色田林八渡蓝靛瑶头饰

图2-49 百色田林利周蓝靛瑶女服

图2-50 百色那坡蓝靛瑶

2.2.5 茶山瑶服饰

茶山瑶是因其居住地而得名的。"茶山"是大瑶山北部一个历史上的地名。根据清同治六年（1867年）茶山瑶师公全胜银手抄现藏金秀村全胜祝家的一本《还愿洪门太疏意者牒榜》神书，第一页有"今据大明国广西道桂林府修仁县西乡淳化里茶山洞上秀村新安社下……"一行地名记载，金秀村原名上秀村，可证金秀地址在茶山洞。又据《方舆纪要》载"茶山（永安）州西十里，绵亘深远，林菁从郁"，大瑶山北部恰在永安州（今蒙山县）以西，这一带的岭祖、巴勒、永合、金秀等地都有茶山瑶。

2.2.5.1 男子服饰

茶山瑶成年男子，一般头上有发髻，用头带包结，发髻的顶端露在外面，上衣为黑色交领短衣，下着黑色长裤。

2.2.5.2 女子服饰

茶山瑶通常着短上衣，族内服饰的主要差异在女子头饰上，因居住地域不同，大体上有两种样式：第一种是银钗式，风格独特；第二种是絮帽式，鲜亮沉稳。

a. 银钗式茶山瑶

成年妇女采用三块长约一尺二寸（40厘米）、宽约二寸（7厘米）、重一斤至一斤四两（500~900克）的银板打造成弧形顶戴在头上，作为头饰。戴这种头饰的茶山瑶即银钗式茶山瑶，他们主要分布在来宾金秀沿河十村，长垌乡的道江、长垌、溶洞、滴水、平道，以及三角乡的上盘王、下盘王等地。

银钗式茶山瑶女子服饰有盛装和便装之分。18~20岁的年轻女子在婚嫁、盛大节日或宗教活动时着盛装，中年以后的妇女仅在入殓时穿盛装，平时只需穿便装，但三块银板必不可少。盛装时，头饰需大量丝带、各种纱带及挑绣有花卉的白布，更要有造价昂贵的银首饰；上衣用丝带镶边，叫作补襟衣。衣不论套，而论"册"。上衣一册为5件或7件：内两层为单衣，最里面的是白色，其长度最长；倒数第二层是蓝色；外面几件均为黑色夹衣（图2-51、图2-52）。

图2-51 来宾金秀银钗式
茶山瑶女装正面

图 2-52 来宾金秀银钗式茶山瑶女装背面

盛装佩戴头饰时，先将长发梳成辫子盘于头顶，然后将三块长度约 40 厘米、宽度约 7 厘米、质量约 500~900 克的弧形银板（图 2-53）固定在头顶，两头翘如飞檐一般，最后用红色织带盘头，配以白色头巾或红丝穗披于脑后，挺拔的银板、硕大的耳环（图 2-54），以及全身黑色、红色与白色的搭配，显得庄重大方。

盛装的上衣无扣，需系腰带。腰带用黑布制成，两头绣花，有七层花，也有五层花的，图案多是拟动植物形状的，较原始；底边用丝编织成狗牙花，酷似一颗颗锋利的狗牙。腰带两端分别穿缀十八颗银珠，结上彩絮。腰带外面再系绸制围裙，围好的丝带上也穿有银珠。茶山瑶女子所穿的黑色裤子短而宽，因此必须穿脚套。脚套制作精致，穿时还需用丝带系扎。

茶山瑶女子盛装时需佩戴耳环、银项圈（5 个）、菱形龙头银手镯和戒指。戒指一套 3 个，一起戴在中指上，居中者为扁形，其余两个均为细圈形。盛装银器质量约 300~400 克。

银器在银钗式茶山瑶饰品中占有十分重要的地位。幼儿时期不分男女，从一周岁起开始佩戴银器，头上戴银制神像帽，帽的前檐神像是长须老人或太白金星、土地公等，两旁是麒麟，

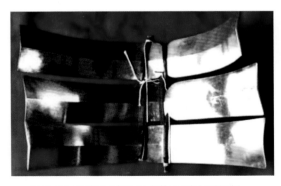

图 2-53 来宾金秀银钗式茶山瑶头顶银板

图 2-54 来宾金秀银钗式茶山瑶银耳环

都象征吉祥。五至七八岁的女童,头上戴"帽珍",上有山峰、星相、水波等图案。九至十四岁的女童,结辫盘于头顶,头上戴"平头"头饰,它与成人头饰的不同之处在于头顶的银板不是弧形而是直条形的(图2-55)。

b. 絮帽式茶山瑶

絮帽式茶山瑶女子的发髻上均罩以头巾。头巾的一端接有棉纱絮,包头时叠成帽子形状。分布在来宾金秀忠良乡的上卜泉、下卜泉、滴水、板显、岭祖、巴勒、屯打等地的絮帽式茶山瑶女子习惯穿蓝衣(图2-56),而分布在来宾金秀长二、寨保、杨柳、六段一带的絮帽式茶山瑶女子习惯穿黑衣(图2-57)。

图2-55 来宾金秀茶山瑶女童装

佩戴絮帽时,先将头发盘于头上并用红色瑶锦带缠绕,再用绲有花边的白头巾包头。

蓝衣絮帽式茶山瑶上穿蓝色大襟右衽长袖短衣,右衽门襟处镶饰以彩色几何纹样的瑶锦带,衣领、衣襟、下摆、袖口处均用瑶锦镶饰;下穿黑色百褶裙,裙底边有红色瑶锦带镶嵌。套镶红色织锦边的黑色绑腿,用带穗的红色织花带系小腿;腰部围镶有红色织锦的腰带。全身上下为白、红、蓝、黑四色组成,色彩鲜亮又不失沉稳。

黑衣絮帽式茶山瑶上穿斜襟交领黑色长袖短衣,衣领、衣襟、下摆、袖口处均用红色瑶锦镶饰;下穿黑色窄腿长裤,外套镶以红色织锦边的黑色绑腿,再用带穗的红色织花带系小腿;腰部系

图2-56 来宾金秀蓝衣絮帽式茶山瑶女服

图2-57 来宾金秀茶山瑶常装

41

图 2-58 金秀坳瑶男服

图 2-59 金秀坳瑶男服刺绣纹样

两端绣有彩花图案的白色腰带，并在后腰处打结，腰带两端的图案部分显露在外；白色腰带外面再围一个镶绲有一圈或两圈红色瑶锦的黑色小围腰；斜挎红色瑶锦花包。全身上下为黑、红、白三色搭配，色彩鲜亮又不失沉稳。

2.2.6 坳瑶服饰

坳瑶名称的由来与他们的装束有关。"坳"字是瑶语的译音，是指头髻高高耸起的样子。过去，坳瑶男女都将长发盘于头顶正中，因此而得名。坳瑶人自称"坳标"，居住在金秀瑶族自治县。

2.2.6.1 男子服饰

坳瑶男子头戴黑色绣花头巾，身穿对襟立领上衣和黑色长裤，在领面、门襟两边、口袋边缘、袖口边缘及裤脚口处有刺绣纹样（图 2-58）。坳瑶男服的刺绣纹样多以龙、凤、花、鸟等为元素（图 2-59），多采用锁绣手法在头巾、衣领、门襟、口袋上口、袖口和裤脚口部位进行刺绣。

2.2.6.2 女子服饰

坳瑶女子长发盘于头顶，用竹笋壳制成的梯形竹帽戴在头上，盛装时在竹笋壳帽四周插上五枚银簪，两侧缠绕银链，并将铲形的银板插入额前发中；上身穿交领对襟的中长黑布衣，衣襟饰有红边并绣有卷草图案；下穿黑色短裤，小腿套绑腿，并用红色丝穗带系扎；系腰的白布带上用瑶锦带扎紧，戴多个项圈和项链（图 2-60）。

关于坳瑶女子的头饰有一个传说：瑶族始祖盘瓠上山打猎时被羚羊撞下山而身亡，其妻悲伤痛苦，将竹笋壳折成帽子戴在头上以缅怀亡夫。此后坳瑶妇女盛装时必戴竹笋壳帽跳黄泥鼓舞，唱盘王歌，以示缅怀始祖。

坳瑶女子不戴头帕，而是戴用竹笋壳制作的小帽子（图 2-61）。这种帽子的制作非常简单，将竹笋壳的三边分别向中心折叠，便成为一顶帽子的形状，用针线固定住，再在上面装饰花边即可（表 2-1）。

图 2-60 来宾金秀六巷乡
坳瑶女服

图 2-61 竹笋壳女帽

表 2-1 竹笋壳女帽制作过程

1. 将竹笋叶裁剪成长方形，将两边折进去一部分	
2. 将长方形上端的两个角向下折叠，使顶部形成一个尖角	
3. 将顶部尖角向下折叠	
4. 将帽子整理成符合人体的立体形状	帽子正面　　　帽子后侧面

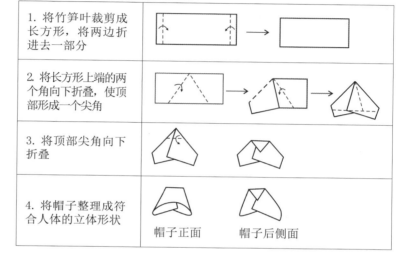

2.2.7 花篮瑶服饰

广西来宾金秀圣堂山的女子黑色上衣的背面挑绣有三组美丽的花纹，有兰花、金银花、玉米花、山茶花、八角花等，两袖镶饰黄、红色调的瑶锦，显得富丽堂皇，故称为"花篮瑶"。花篮瑶、布努瑶均属布努语支系，主要生活在广西都安、巴马、上林等地。

2.2.7.1 男子服饰

花篮瑶男子包白色或红色头巾，上穿交领黑色长袖短衣，用腰带束紧，下穿黑色长裤。盛装时戴银项圈，腰带上挂有彩穗的银质烟盒（图 2-62），出门背长刀。背刀分平刀和钩刀两种，刀面薄而轻巧，刀刃锋利耐用，刀身和刀柄全长 1 米左右，刀背厚 2 厘米，刀面宽 7 厘米，每把刀都配有竹子制成的刀鞘，背在腰间右侧，显得威武刚强。不管下田种地，上山下河，甚至过村访亲会友，都要背上长刀。据说花篮瑶过去被迫迁徙到瑶山后，开荒种地也用这种长刀。他们用刀斩棘、砍树、采药等，可以说是刀不离身，体现了这个山地民族特有的性格。

图 2-62 金秀花篮瑶
男子服饰

图 2-63 金秀花篮瑶女服常装

2.2.7.2 女子服饰

未成年的小姑娘留长发编辫子，长大或成婚后戴帽子。花篮瑶的帽子非常讲究，先将长发梳为"半边头"，即发梳平于眉线再倒挽于头顶，夹上银夹，并用多层黑头巾包上（黑头巾边缘挑绣红条纹），头巾包得很低，遮住眉毛，仅露出双眼；黑头巾上再包白头巾，使包头外部形成梯形。整个包头黑、白、红色彩分明，非常醒目（图 2-63）。她们上身穿黑色右衽交领衣，衣长过臀，领和襟边绣黄、红等彩色花边，衣袖和下摆分别绣 30 厘米宽和 10 厘米宽的黄、红色图案，图案纹样细腻，工艺精湛（图 2-64）；白色挑花腰带用来固定上衣，腰带上悬挂银链和银花；下穿齐膝短裤（春夏季）或长裤（秋冬季），扎黑、白花纹的织锦绑腿，并用红色有穗的织带系紧；披肩是黑地上挑绣精美的红、黄色花边，饰珠串和流苏；戴银项圈和银手镯，颈上围白色围巾，与白头帕、白腰带呼应。花篮瑶全身上下色调古朴，黑白分明（图 2-65）。

花篮瑶人喜欢佩戴银饰。小孩戴银手镯银项圈，认为可以除邪解秽，健康成长。女子佩戴耳环、手镯、项圈，项圈上穿银针、银耳刮、银关刀、银麒麟等，既有吉祥寓意，又可作为点缀饰品。男子佩戴银烟盒，既能避邪，又有一定的实用性。

图 2-64 金秀花篮瑶女服盛装

图 2-65 盛装女服背面装饰

2.2.8 布努瑶服饰

河池地区的布努瑶男子头上包有挑绣花的黑头巾，头巾两端的彩穗垂于脑后，上穿无领或短立领对襟蓝布短衣，下穿黑长裤，腰挂银烟盒、烟斗等物（图2-66、图2-67）。

图 2-67 河池都安布努瑶男服

2.2.8.1 河池布努瑶

河池地区的布努瑶女服款式基本相同，穿黑色右衽短衣，襟口、底摆、袖口有刺绣花边，胸前挂多个半月形银项圈并系响铃、丝穗、银牌；下着黑色百褶裙，裙内穿长裤（图2-68～图2-70）。其头饰差别较大，河池大化一带瑶族长发盘髻，插银簪，再包两端有流苏的黑头帕（图2-68、图2-69），少女盛装则在黑帕上搭一银花头巾；河池都安包黑头巾，并将头帕尾端的刺绣纹样置于额前（图2-70、图2-71）。

2.2.8.2 百色布努瑶

百色田林地区的布努瑶服装与河池地区差别较大，其款式为黑色上衣下裙式样，上衣为立领右衽短衣，立领、襟口、底摆、袖口均有花边装饰；裙子由一块布料从后向前缠绕，并在前部搭接而成，裙外再穿围裙（图2-72）。

图 2-66 河池大化布努瑶男服

图 2-68 河池大化
布努瑶头饰

图 2-69 河池大化
布努瑶女服

图 2-70 河池都安布努瑶女服

图 2-71 河池都安布努瑶头饰

图 2-72 百色田东布努瑶女服

图 2-73 龙胜红瑶男服

2.2.9 红瑶服饰

2.2.9.1 男子服饰

桂林龙胜地区的男子服饰基本与壮族、汉族服饰相同，上衣为黑色立领对襟短衫，下穿长裤，头缠黑头巾（图 2-73）。

2.2.9.2 女子服饰

居住在桂林龙胜一带的瑶族，因其女子上衣为红色调而称为"红瑶"。她们蓄发盘髻，年轻未婚姑娘盘"螺蛳髻"，并用一块中心和四角均刺绣有"瑶王印"图案的黑巾包头，包头时额前正中露出"瑶王印"，但不能露发；已婚妇女盘"盘龙髻"，即在额前挽个髻，在头上包黑头巾，并把额前的发髻露出来。红瑶姑娘都有两种不同材质的上衣，一种是用织机织出的瑶锦而制成（图 2-74、图 2-75）；另一种是用黑土布在后背、两肩和前襟上刺绣各种图案，如人形纹、狗纹、龙纹和船纹等（图 2-76、图 2-77），图案内容特别丰富，做工也极精致，据说这些图案表现了瑶族师公传唱的《创世古歌》。衣袖两肩绣有始祖龙犬，衣身上绣有汹涌波涛中装满若干人的一艘船的图案，表现先祖迁移飘洋过海的故事。下穿蜡染花裙，花裙分 4 层：裙腰为白土

图 2-74 龙胜红瑶织锦女服

图 2-75 龙胜红瑶织锦女上衣

图 2-76 龙胜红瑶刺绣女上衣（正面）

图 2-77 龙胜红瑶刺绣女上衣（背面）

布；上部裙身为黑土布；中部裙身为蜡染布；
下摆用红、绿等色彩比较鲜艳的丝绸缝制；
裙子前面无褶，后面有细密的褶。裙外穿青
黑色围裙，再系彩色织锦腰带，缠黑布绑腿。

　　红瑶可以从其服装上区分出年龄，年
轻人穿红色织锦衣或全红刺绣衣，结婚生
孩子后所穿服装为半红半黑色，做奶奶后
着装就是全黑色的，只有彩色织锦腰带与
年轻人相同（图 2-78）。

图 2-78 龙胜老年女子服装

图 2-79 河池南丹白裤瑶男服

2.2.10 白裤瑶服饰

居住在河池南丹县的八圩乡和黑湖乡的瑶族，其服饰简洁而质朴，因男子皆穿白裤，故得名"白裤瑶"。

2.2.10.1 男子服饰

河池南丹县白裤瑶服装用料都是自织自染的土布，以青色和白色为基本色调。男子服装以五大件为主：白布或蓝布包头巾；对襟无扣短上衣；青色布腰带；白色紧腿大裆裤和刺绣精美的绑腿（图2-79）。黑色短上衣，领襟和袖口镶蓝边，背部和两侧开衩，衣摆镶饰蓝地"蜘蛛纹"（外形像"米"字）花边（图 2-80）。盛装时穿多件上衣，从里到外，一件比一件短，每件都露出衣摆的十字花边（图2-80）。白裤瑶男服的特点就在于这白裤上，其裤裆宽大，便于行动，紧瘦的裤腿又便于狩猎，白裤上的五条红色线条有其寓意，据说象征的是他们的祖先为本民族尊严带伤奋战的十指血痕，是缅怀祖先及其业绩的图案。男子扎绑腿时，先要用白布或黑布做衬底，将绑腿线呈交叉状从上至下系扎。平时可不扎绑腿，节庆活动时扎多条绑腿。

图 2-80 河池南丹白裤瑶男服（正面和背面）

2.2.10.2 女子服饰

　　白裤瑶女子服饰也以五大件为主：白布或蓝布包头巾；无领无袖贯头衣；衣身只在肩部缝合，两侧开口，冬季穿右衽有袖衣（图2-81）；蜡染百褶花裙；腰带和绑腿。贯头衣背部的方形"瑶王印"图案，据说是被土官夺走的瑶王的印章，绣在女子衣背上以示纪念（图2-82）。蜡染百褶花裙从上至下由三部分组成，黑布裙腰；蜡染裙身和裙底摆（裙底摆由刺绣精美的红色丝绸绲边，底摆绲边向上7.5厘米处，外加一条6厘米宽的橘红色丝质无纺布边）（图2-82），整条裙子色彩对比强烈，美观大方。女子绑腿与男子形同，扎法不同（在白布或黑布衬底上不能露出绑腿线）。

图 2-81 白裤瑶冬季女服

图 2-82（a）白裤瑶夏季女服（正面和背面）

2.2.11 花头瑶服饰

　　花头瑶居住在防城港上思、桂林龙胜一带。由于女子头上均罩一块彩色挑花绣帕，被称为"花头瑶"。

2.2.11.1 防城港花头瑶

　　防城港上思一带的瑶族女子穿前襟短至膝、后襟长及踝的上衣。衣领镶有花纹，花纹的外边镶白布。胸前两边多吊穗，穗的上端用彩珠串起来，下

图 2-82（b）白裤瑶夏季女服（背面）

图 2-83 防城港上思花头瑶女装

图 2-84 防城港上思花头瑶头帕

图 2-85 防城港上思花头瑶花头巾和
银质梅花发罩

端为红、绿、黄丝线，垂至腹部（图 2-83）。袖子靠袖口的一半，各用 13 厘米红、蓝花布相接镶在黑布上，显得美观大方。衣服的前襟用 2 块红布镶边，后襟开衩，内边镶红边，开衩处用红、黄色丝线各绣有 2 朵如玉米粒大小的花。女衣无扣，穿时腰部系上一条宽约 8 厘米的腰带，把衣服扎紧。腰带用红、黄、黑、白等几种颜色的绒线织成，中间是黑色的长方形图案，两端各有 5 个黑白的平行四边形图案。腰带两端有红绒线彩穗，穗长 33 厘米。因后衣长，走路不便，穿着时往往把后襟撩起来，扎在腰带上。花头瑶女子胸前有一块胸围，胸围是用一块三角形的白布绣上各种花纹图案再缝到一块 3.3 厘米（1 尺）左右的大花布上制成，有两层，中间是一个袋子，女子的钱包就放在这个袋中。它和衣服相配，既实用又别致。根据史料记载，花头瑶原本穿长裙，后改穿长裤；之后又受到周围其他瑶族的影响，改穿短裤，短裤长 50 厘米，裤脚口用丝线镶边，下扎绑腿，上面绣有花纹。花头瑶女子的发型很特别，头发由前往后梳至脖子处即向头顶收起，绕在头顶。然后用银冠罩住，在银冠的周围插上 32 块形如汤匙的银片，顶上用一个八角星的圆形银片盖住（图 2-84、图 2-85），用红绒线绕头部 7～8 圈，使银冠紧套在头上；最后用一块长宽各约 17 厘米的正方形头巾盖住头的顶部，头巾上绣有各种美丽图案，头巾对角用彩珠和红绒线连接成穗，既美观又便于绑扎（图 2-84）。

花帽是花头瑶姑娘成熟的标志，也是她们在小伙子面前炫耀自己的得意装饰，制作十分精细。花帽多以绸缎制成，上用丝线绣出各种图案，包括孔雀、凤凰、青山、绿水等。花帽前沿嵌有一排珍珠，好似一只只悬挂的灯笼，所以又称为"灯笼帽"（图 2-86）。帽中央通常镶一枚四方银块，银块周围插满五颜六色的翡翠，翡翠旁用丝线串缀 40 余只铜铃，行走时发出叮咚之声。似凤尾的花帽后端吊有一串铜钱，瑶家认为铜钱象征吉祥如意，佩戴它可以驱邪去秽。

花带是花头瑶青年定亲的信物。花带长约 166 厘米，宽约 13 厘米，多用红、绿、黄、白色丝线织成，鲜艳夺目。花带边沿一般饰以福、寿、万字等图案，中间绣上各种山水风景、飞禽走兽、花鸟虫鱼，有的还绣上《白蛇传》《牛郎织女》等优美的神话故事。瑶家认为，花带的图案越复杂、美观，越能显示出姑娘的聪慧与灵巧，越能表达她们纯真的爱情。

花鞋分两种。一种叫作"镶边鞋"，除鞋面绣有花纹外，主要是镶有不同颜色的边，姑娘多于节日喜庆时穿；另一种叫作"乘海鞋"，前端上翘 2 ~ 3 厘米，形如龙头彩船，专供姑娘出嫁时穿。"乘海鞋"做法独特，一般先用白色丝绸面作底，然后将各色布料剪成云彩或波浪形图案，用彩色丝线绣上花边，再拼镶在鞋面上。看上去，鞋面图案如波涛汹涌，似彩云翻滚。穿着它走山路，有如腾云驾雾，因而又称为"登云绣鞋"。

花头瑶小孩戴西瓜帽，帽顶有穗，四周有许多彩穗及小铜铃。男帽、女帽的图案有一定差别，不得随便换戴。女帽绣有葵花式图案；男帽不绣花朵，一般绣几何纹样。

2.2.11.2 桂林龙胜花头瑶

桂林龙胜的花头瑶服饰为上衣下裙式样。上衣为蓝色对襟短衣，衣外披圆形黑色披领；下穿百褶裙，裙外围花布围裙；下打蓝色绑腿；头戴彩色瑶锦流苏头帕（图 2-87、图 2-88）。

2.2.12 土瑶服饰

2.2.12.1 男子服饰

贺州土瑶男子便装时包素花头巾，一般以白色为主，上身穿面子为蓝色、里子为白色的对襟布扣衣，衣长约 40 厘米，胸前各缝有一个贴袋。平时穿着时将白色里子露出来（图 2-89）；盛装时在胸前挂数十串串珠、彩穗，下穿大裆、宽裤口蓝长裤（图 2-90）。

图 2-86 防城港花头瑶花帽

图 2-87 桂林龙胜花头瑶女服

图 2-88 桂林龙胜花头瑶头帕

图 2-89 贺州土瑶男子常服

图 2-90 贺州土瑶男子盛装

2.2.12.2 女子服饰

　　贺州土瑶女帽很有特色，主要用油桐树的皮壳制作，根据各人头颅大小圈箍固定成型，垂直地涂上黄、绿相间的颜色，再涂以桐油，色泽油亮鲜艳。帽顶盖数条毛巾，用彩线将毛巾、帽子紧系于头上。毛巾上撒披串珠，串珠越多，说明人越勤劳、富裕，也显得越美（图 2-91）。女子的衣服类似旗袍，开衩较高，下摆及踝。平时劳作时将前襟撩起掖在腰间，用织花带束腰；长袍外套短衣，短衣款式与男装外套相同；内穿长裤，长裤后腰处饰一瑶锦，边缘缀有红色丝穗，将腰以下的长袍遮住（图 2-92）。土瑶服饰全身上下色彩庄重而艳丽。

图 2-91 贺州土瑶女帽（正面和背面）

图 2-82 贺州土瑶女服

2.2.12.3 婚礼服饰

男子婚礼时用 10 余条毛巾包头，毛巾外用丝绒和珠串包缠（图 2-93）。女子着盛装或婚礼服时在树皮帽上搭盖 20 多条毛巾，毛巾上有土瑶人用彩色颜料书写的情歌及表达爱情的词句，同时要佩戴数十条串珠与彩线，婚礼时长袍前襟放下（图 2-94）。

图 2-93 贺州土瑶新郎装

图 2-94 贺州土瑶新娘装

2.2.13 山子瑶服饰

2.2.13.1 男子服饰

男子服饰为上衣下裤式样。上衣为立领琵琶襟式样，立领、襟口、下摆、袖口等处都有花纹装饰；裤子的脚口处也有花纹装饰；头缠黑色镶花布边的头帕；肩上搭两端有几何纹样和流苏的白色围巾（图 2-95）。

图 2-95 来宾金秀山子瑶男服

图 2-96 来宾金秀山子瑶女服

2.2.13.2 女子服饰

来宾金秀一带瑶族女子上身穿立领右衽大襟长衫，长至大腿中部，襟口处镶有红色花边和流苏；衣外披瑶锦流苏披肩，长至后背中部；腰间系瑶锦流苏彩带；下穿短裤，腿扎五彩瑶锦绑腿（图 2-96）。头饰由两层瑶帕组成，里层的瑶帕在正中对叠后，形成倒"山"形状，佩戴在头上，外层用黑地、中间有圆形太阳纹的头帕包裹，并用红绒线扎紧（图 2-97）。

图 2-97 来宾金秀山子瑶头饰

2.2.14 番瑶服饰

2.2.14.1 男子服饰

番瑶男子服装为上衣下裤式样，造型简单。他们的服装用蓝靛布料制成；头上包黑色的头帕，头帕两端垂有红、黄、蓝丝绒线；胸前佩戴"辟邪银佩"。银佩由银链、日佩、月佩及小刀具和银叉等组成，作为辟邪之用，佩戴在身上能图个吉利（图 2-98）。

2.2.14.2 女子服饰

番瑶女子的银饰配有银牌、银链、耳环、手镯、项圈、铜扣、银钗、串珠等饰品，这些银饰品的种类繁多，图案各异。头、身、腰、手以及臀部等都挂有形态各样的银饰，每一种银饰都代表着不同的含义。番瑶女子头上有银簪、"发结仪"（瑶语，银花包头的布条）、银铃和银链等。银簪形如螳螂，有半尺高。头发上一般插 12 支银簪，如孔雀开屏，

图 2-98 河池巴马番瑶男服

一排摆开（图2-99）。银簪上系有银链，银链垂至后臀部，末端系银铃。"发结仪"是头上银饰中最为贵重的，把一根根细长如火柴梗的弹簧银条别在一条蓝靛布上，顶端还别上五彩的丝花。"发结仪"包住额上的头帕，走起路来，银铃"叮咚"，银簪发亮，银花晃动，美不胜收。声与色的结合，造就了番瑶女子美丽与富贵的象征（图2-100）。

番瑶视月亮为世间之母，是始母密洛陀升天的化身。因此，番瑶女子胸前佩戴的月牙银项圈非常讲究，小女孩、未婚女子和婚后的女子佩戴的银项圈条数各有差别。小孩一般挂3条项圈，意思是父母和自己共3丁；未婚女子挂4条，意味着希望能够成双成对；结了婚的女子则挂5条或更多项圈（图2-101），用意非常简单，以示自己已经结婚，身边人丁很多。番瑶女子手腕上戴有银镯，腰间还挂有银镯。银镯有一个特别的用途，若有人发痧或中暑，可以用毛巾把银镯和煮熟的鸡蛋包住，用力在身上的重要穴位反复地刮，痧气就会附在银镯上而被带走。番瑶女子还把烟筒作为装饰品悬挂于腰间。另外，珍珠饰品也是不可或缺的饰物，番瑶女子的胸前、腰间、耳边等都系挂着七色的珍珠。

图2-100 河池巴马番瑶女子银饰（正面）

图2-101 河池巴马番瑶女服

图2-99 河池巴马番瑶女子头饰（背面）

图 2-102 桂林全州东山瑶男服

图 2-103 桂林全州东山瑶女服

2.2.15 东山瑶服饰

2.2.15.1 男子服饰

桂林全州县东山瑶族男子服饰非常简单，上穿黑色无领对襟马甲，在领、襟、底摆、袖窿处镶花布边；下穿长裤（图 2-102）。

2.2.15.2 女子服饰

桂林全州县东山瑶族女子服饰为上衣下裤式样。上衣为右衽大襟衣，长至臀部，襟口镶红色花边（图 2-103），前胸悬挂绣花手帕；配绣花长围裙（图 2-104），扎织锦腰带。女子多用白色或蓝色棉纱布制作头巾，风姿朴实，甚为大方。

图 2-104 挑花围裙

2.2.16 背篓瑶服饰

2.2.16.1 男子服饰

百色凌云地区的背篓瑶男子包黑色头帕；上身内穿白色立领对襟衣，外穿蓝、黑色立领对襟衣，外衣长约 40 厘米，内衣长约 44 厘米，可将内衣露出来，与外衣形成鲜明的对比；胸前各缝有一个贴袋；下穿大裆、宽裤口的蓝、黑色长裤（图 2-105）。

2.2.16.2 女子服饰

a. 上衣下裙

百色凌云地区的部分背篓瑶女子服装式样为上衣下裙，裙内穿裤。上衣为黑色右衽大襟短衣，襟口、领口处镶有6厘米宽的花边；下穿黑色无任何纹饰的百褶裙，内穿黑色宽腿长裤；头饰分五层：最内层用白布缠头，第二层用灰白细格子布缠头，第三层用黑布缠头，第四层用编成发辫式样的红绒线缠头，最外层用白线将五色绒线系扎在头顶（图2-106~图2-108）。

b. 上衣下裤

凌云地区的部分背篓瑶女子服装款式更为简单，为上衣下裤式样，上衣为蓝色右衽大襟中袖短衣，襟口、领口处镶有4厘米宽的黑布边和一条2厘米宽的花布边；内穿黑色宽腿长裤；有些背篓瑶地区的头饰分四层：最内层用白布缠头，第二层用灰白细格子布缠头，第三层用花布缠头，第四层用两端有刺绣花边的黑色头帕缠头，并将头帕尾端伸出头帕，呈羊角状；另有部分背篓瑶头饰仅两层：内层用白布缠头，外层用灰白细格子布缠头（图2-109~图2-111）。

图 2-105 百色凌云背篓瑶男服

图 2-106 百色凌云背篓瑶女子头饰前面

图 2-108 百色凌云背篓瑶女服

图 2-107 百色凌云背篓瑶女子头饰侧面

图 2-109 百色凌云背篓瑶
四层头饰

图 2-111 百色凌云背篓瑶两层头饰

图 2-110 百色凌云背篓瑶女服

图 2-112 宁明过山瑶男服

2.2.17 过山瑶服饰

2.2.17.1 男子服饰

崇左宁明地区的过山瑶男子，头包层层黑色头帕，并在黑色头帕外加瑶锦花带；上身内穿白色立领对襟衣，外面穿蓝、黑色立领对襟衣，外衣长约50厘米，内衣衣长约54厘米，可将内衣露出来，与外衣形成鲜明的对比。外衣门襟内侧、口袋处、袖子靠上四分之一处镶嵌五色丝绒线制成的装饰纹样；下穿大裆、宽裤口的蓝、黑色长裤，裤外侧缝镶嵌五色丝绒线制成的装饰纹样（图2-112）。

2.2.17.2 女子服饰

崇左宁明过山瑶女子服饰中，引人注目的是她们的头饰，共分3层，最内层是40层红布黏制而成的布板，第二层将瑶锦铺在红布板上，并用七彩珠串系扎，外层用瑶锦覆盖（图2-113）。上衣为交领长衫，两侧开衩，衣长至膝，领口、袖口、开衩及底摆处镶嵌瑶锦花边（图2-114）。

2.2.18 木柄瑶服饰

百色田林地区木柄瑶女子服饰为上衣下裙式样，上衣为蓝、黑色交领右衽短衣，襟边、底摆绲浅蓝色布边，袖口镶花边，上衣底摆下端悬挂四串彩珠穿串的毛球；裙为黑色褶裙，并在底摆处镶浅蓝色布边；下打黑色绑腿（图2-115）。

图 2-113 崇左宁明过山瑶女子头饰

图 2-114 崇左宁明过山瑶女服

2.2.19 平地瑶服饰

贺州富川平地瑶女子一般用自织的方格花巾包头（图 2-116），喜着深蓝色的短衣，右开襟，襟边、袖口、裤脚分别镶一道道红边，服装为上衣下裤式样（图 2-117）。

图 2-116 贺州富川平地瑶头饰（正面和侧面）

图 2-115 广西百色木柄瑶女子服饰

59

图 2-117 富川平地瑶女服

图 2-118 防城港大板瑶女服

2.2.20 大板瑶服饰

2.2.20.1 防城港大板瑶服饰

大板瑶服饰以威仪、色彩斑斓为美，主要用黑色或蓝黑色棉布制作，再配以色彩斑斓的花边图案，其中"板八"是大板瑶服饰的主要标识。

大板瑶认为自己是麒麟和狮子的后代，因此，他们的传统服饰上保留了夸张的头饰造型——布板，它高达 3.3 厘米（1 尺）左右，用红布折叠成尺寸为 6.7 厘米×13.3 厘米（2 寸×4 寸）后重叠装订，由 80 层布料黏合而成。这种独具特色的头饰被当地壮族人称为"板八"，一直沿叫至今，其居住地也因此被命名为"板八瑶族乡"。壮语中的"板八"是大板瑶头饰布板的层数，即 80 层布板的简缩语（图 2-118 ～图 2-120）。帽子的高度越高，布板层数越多越好；再用红花布、白花布做盖，固定在头上（图 2-119），非常壮观亮丽。

防城港大板瑶服装为上衣下裤式样。上衣为黑色交襟，前衣摆、后衣摆和袖口处都有红布、白布镶边，并在镶边处均匀地缝上 4 条或 5 条白线；领口和胸前两边各镶一块红布，在红布上镶上白边，红布中间绣上线条和花卉图案等；再配上项圈、项链、彩色花线、花坠。裤子为黑色长裤，从裤脚口开始往上绣各种线条和花卉图案等，少则十几圈，多者达 40 多圈，直到膝盖（图 2-118）。

2.2.20.2 百色那坡大板瑶服饰

百色那坡地区的大板瑶因女子头上层层缠绕的形如一块圆板的头饰而得名。头饰用黑色长布条层层缠绕，最外层用瑶锦花带扎紧，有些花带下垂吊粉红或红色流苏（图 2-121）。上衣为立领对襟长衫，衣长及踝，领口、袖子装饰花边；胸前佩戴六块方形银牌，披红绒线制成的披领，长至腰；腰部前面束黑地、四周镶花边的围裙，后面束瑶锦流苏围腰，长至膝（图 2-122）。

图 2-119 防城港大板瑶头饰背面　　图 2-120 防城港大板瑶头饰正面　　图 2-121 百色那坡大板瑶女子头饰

图 2-122 百色那坡大板瑶女服

2.3 头饰

　　瑶族的头饰种类繁多，最具代表性的头饰有盘绕式、尖头式、飞檐式、凤头式、帆船式、圆筒式、头帕式等。

2.3.1 盘绕式

图 2-123 田林盘瑶　　　　　图 2-124 桂平盘瑶

图 2-125 金秀盘瑶

图 2-126 龙胜盘瑶

图 2-127 河池大化布努瑶

图 2-128 河池都安布努瑶

图 2-129 百色背篓瑶

图 2-130 百色布努瑶

图 2-131 富川平地瑶

图 2-132 百色背篓瑶

图 2-133 百色背篓瑶

图 2-134 百色大板瑶

2.3.2 尖头式

正面　　　　　　背面

图 2-135 贺州"大尖头"盘瑶

正面　　　　　　背面

图 2-136 来宾金秀"小尖头"盘瑶

2.3.3 飞檐式

图 2-137 金秀茶山瑶女童帽

图 2-138 金秀茶山瑶

图 2-139 龙胜盘瑶盛装（正面和背面）

2.3.4 凤头式

图 2-140 田林蓝靛瑶

图 2-141 融水盛装"狗头冠"（正面和背面）

2.3.5 帆船式

图 2-142 百色凌云蓝靛瑶日常装

图 2-143 百色凌云蓝靛瑶盛装

图 2-144 河池蓝靛瑶

2.3.6 头帕式

图 2-145 百色田林蓝靛瑶　　图 2-146 百色那坡蓝靛瑶　　图 2-147 桂林龙胜红瑶　　图 2-148 防城港
花头瑶

图 2-149 桂林龙胜花头瑶　　图 2-150 来宾金秀山子瑶　　　　图 2-151 金秀花篮瑶（正面和背面）
（正面和背面）

图 2-152 蓝衣絮帽茶山瑶

2.3.7 圆筒式

图 2-153 贺州土瑶日常装（正面和背面）　　图 2-154 贺州土瑶
新娘盛装

2.3.8 顶板式

图 2-155 防城港大板瑶

图 2-156 宁明过山瑶

2.3.9 其他式样

图 2-157 百色田林蓝靛瑶

2.4 瑶族服饰纹样

过去，广西少数民族大都没有自己的文字，在学会使用汉语之前，他们通常用图形符号或刻木刻竹的方式记事，一直持续到 1949 年。因而可以说，广西少数民族女子织绣的图纹和符号，就是从远古传承下来的"记事纹符"。"纹"与"文"古时可通用，无数图文的排列组合，构成的不仅是一幅美丽的图案，还可看成是一部关于生命起源、民族历程的史诗。

瑶族传统手工技艺以织花、挑花、蜡染、制丝及绘染技艺精湛而著称，世世代代传承下来的手工技艺被当地的女子巧妙地运用在日常生活中，制成了精美的服装、被面、头巾、帽子、背带、口水兜、桌布、包背、童装花衣等，成为当地人民生活的必备装饰品。

瑶族刺绣是一种用针和色线在布上绣制花纹的工艺美术品。瑶族刺绣是配色绣，用的色线有红、绿、黄、白、黑五种；绣花用的布底有两种，一种是白布，另一种是蓝靛布。绣白布时一般用红、绿、黄、黑的色线，绣蓝靛布时则用红、绿、黄、白的色线。在各种服饰花纹中，刺绣的基本图案是定型的，花纹的配色或格式都有严格规定，如人形纹、兽形纹限定用白色或黑色，不用其他颜色。刺绣中线条要求成对角线、垂直线与平行线，角度是 45°、90°、180°，无弧线。瑶族刺绣不画底稿，一般先用黑线或白线（视布色而定）依着布纹绣出一行行大小相同的方格，然后在格中配入各种基本图形，若最后容不下一个图形，则绣半个图形。瑶族刺绣一般在反面绣，不看正面。虽然刺绣中只有三角形、四方形、长方形、菱形、齿形、蝶状等基本图案形式，但瑶族女子高超的手艺使之能呈现出人物、动物、植物等多种形象。瑶族女子喜欢刺绣，闲时针不离手，将刺绣所用的材料用长布巾包好，系于腰间，无论在家中、野外或工作之余，将材料取出，即席地绣花。瑶族刺绣用于装饰男女服装、手帕、腰巾、背带，既美化生活，又有加固边缘的作用。

织花以大红色棉线为经，以红、黄、绿、蓝、紫色丝线为纬，花纹以几何图案为主，纹样构思巧妙、线条粗细相宜、艳丽美观，多用于缝制衣衫、腰带。

瑶族女子擅长针线，个个会挑花，女孩十一二岁时就拜师学艺。挑花既不在布上画样，也不要摹本，依据布纹上的经纬构思，叫"数布眼"。在布的背面用各色丝线设色挑花，其花纹多为几何图案，间描禽兽、花草、云朵、山水、栏杆等，形象逼真、色彩柔和、斑斓多姿。瑶族挑花可谓是一枝独秀。

蜡染时，先用小竹签蘸蜡汁，不需勾仿草样，直接在细白布上描绘鸡、鹅、腾龙、花瓣、排牙之类的形象，然后用蓝靛着色，取出后以清水煮沸脱蜡，即显出白色、蓝色相间的花纹，形象逼真，色泽明艳，素净美观。

2.4.1 图案符号

2.4.1.1 太阳纹

人类对太阳的崇拜是永恒的，太阳的图像成为护佑人类的吉祥符号，在瑶族各种织锦、刺绣中频频出现。令人惊异的是，瑶族在由古及今的图像传承中，太阳纹更多渲染的是女子形象，这与瑶族、侗族创世神话中女神开天辟地的故事遥相呼应，记载了人类社会初始的母系氏族时期女性执掌乾坤的情景——太阳就是她们的化身。图 2-158 ~ 图 2-161 所示为几种不同的太阳纹图案。

图 2-158 防城港上思花头瑶头帕上的
太阳纹刺绣纹样

图 2-159 来宾金秀盘瑶头帕盖头中心的
太阳纹刺绣纹样

图 2-160 来宾金秀盘瑶头帕上的太阳纹
刺绣图案

图 2-161 来宾金秀盘瑶头帕盖头中心的太阳纹
刺绣图案

图 2-162 百色田林盘瑶女子服饰裤脚的生命树绣花纹样

2.4.1.2 生命树与神竿纹

以树为天梯者，古有建木、若木、穷桑等。树是人们可登高的途径，人们便赋予其与天相接的神奇功能，以满足人类与命运抗争、向上进取的要求（图 2-162）。

2.4.1.3 蜘蛛纹

布努瑶创世史诗《密洛陀》中，描绘了给孩子制作背带的情节：金蛛高兴地纺纱，银蛛欢喜地织布，拜蜘蛛们做外家，认蜘蛛们当外婆。蜘蛛被瑶族人比拟为创世始祖母。图 2-163 列举了几种不同的蜘蛛纹图案。

图 2-163 桂林龙胜红瑶女子上衣的蜘蛛纹刺绣图案

2.4.1.4 龙犬纹

据瑶族历史文献《过山榜》记载，瑶人始祖盘瓠是评王的一只龙犬，在评王与高王之战中咬死高王而立功，与评王的三公主成婚，生下六男六女，传下十二姓瑶人。为此，瑶族的许多支系至今把盘瓠作为本民族的图腾，不仅千方百计地按传说中五彩斑斓的龙犬之形装扮自己，还将龙犬形象织绣于衣装上。明《桂海志续》云："用五彩缯锦缀于两袖，前襟至腰，后幅垂至膝下，名狗尾衫，示不忘祖也。"图 2-164 列举了几种不同的龙犬纹图案。

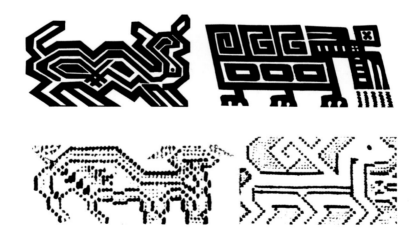

图 2-164 桂林龙胜红瑶女子上衣的龙犬纹刺绣图案

2.4.1.5 龙蛇及蜈蚣纹

龙蛇形象在中国古文化中经常使用，瑶族亦如此。汉代许慎《说文解字》曰："南蛮，蛇种。"瑶族史诗《密洛陀》中的二子波防密龙，便是专造江河湖海兴风作浪的龙。人依据蛇、蜈蚣等虫类形象虚幻成龙。图2-165和图2-166列举了几种不同的龙蛇及蜈蚣纹图案。

图 2-165 来宾金秀花篮瑶女子衣摆处的蛇、蜈蚣绣花图案

图 2-166 桂林龙胜红瑶女子上衣的蛇纹刺绣图案

2.4.1.6 蛙纹

密洛陀的五子阿坡阿难因造雨而被封为雷神，他催雨的方式是敲击母亲给的袖鼓和神锣。蛙鸣的鼓噪之声与锣鼓喧天不相上下，且广西民间各少数民族都有"青蛙鸣叫，天可降雨"的说法。有时蛙常常与鸡的纹符并列，作为阴阳对应，可引申为日月的象征；有时又与人形符号并列，引申为"娃"的含义。图2-167和图2-168列举了几种不同的蛙纹图案。

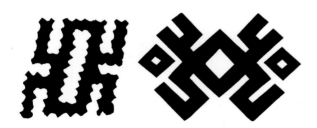

图 2-167 来宾金秀红瑶女上衣的挑绣蛙纹　　图 2-168 柳州融水花瑶女上衣的
　　　　　　　　　　　　　　　　　　　　　　　　挑绣蛙纹

2.4.1.7 人形纹

在古代先民"万物有灵"的思想中，图像同样具有生命的灵性。密洛陀用蜂蜡造人，乃至民间的巧妇剪彩为人，这首先是意识到人多势众的必要性，企图以此壮大自我应对外部侵袭的心理力量。瑶族织绣中的人形，有成千上万牵手集结为长阵的，有独自站立的，有头顶横板、伸臂叉腿作"天"字形的，有曲张四肢如蛙之状的，有身着羽衣的窈窕淑女等。这些人形符号作为护符或替身，可帮助有血有肉的真人抵挡一切灾难。图 2-169 ～图 2-175 列举了几种不同的人形纹图案。

图 2-169 金秀盘瑶女服衣摆处的人形纹绣花

图 2-170 金秀盘瑶女服裤腰上的人形纹绣花

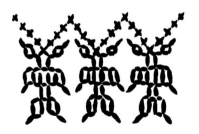

图 2-171 贺州盘瑶女子头帕上的人形纹绣花

图 2-172 来宾金秀盘瑶头帕上的人形纹绣花

图 2-173 桂林龙胜红瑶女子上衣处的人形纹绣花

图 2-174 柳州融水花瑶女子上衣处的人形纹绣花

图 2-175 河池南丹白裤瑶女子上衣背部的蜡染人形花纹

2.4.1.8 蝴蝶纹

　　瑶族织锦图案中，出现的蝴蝶一般都是成双成对的对接状，显然是取其生子繁衍的意向。图 2-176 列举了几种不同的蝴蝶纹图案。

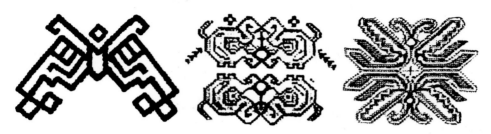

图 2-176 桂林龙胜红瑶女子上衣处的绣花

2.4.1.9 大鸟与雄鸡纹

　　古人不解太阳的起落运行，便想象一只大鸟驮着它在天空巡游，到了夜晚则返回到一棵扶桑树上歇息，进而认为太阳的升降与巨鸟的啼鸣相关。为此，报晓的雄鸡也被视为逐阴导阳的吉祥物。

图 2-178 来宾金秀坳瑶女腰带上的鸟纹挑花

　　不过，瑶族对鸟的崇拜不止这些。创世女神密洛陀的四子雅友雅耶就是一只到远方衔来花草树木种子的大鸟，而帮他惩罚背信弃义者又找到理想迁徙地的，是一只忠实的老鹰。候鸟明辨方向，来去有信，不但可将植物的种子随处携带，还可报告季节的讯息。这些从天而降的恩泽，使人类由崇鸟开始联想到自身的装扮。想来古代传说中的羽人，就是由此而来的。

图 2-179 桂林龙胜红瑶女头帕上的鸟纹挑花

　　图 2-177 ～图 2-181 列举了几种不同的鸟纹图案。

图 2-180 桂林龙胜红瑶女上衣处的鸟纹挑花

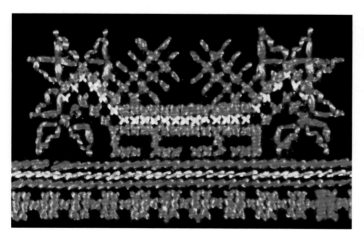

图 2-177 来宾金秀盘瑶女衣摆处的绣花

图 2-181 来宾金秀花篮瑶女衣摆处的鸟纹绣花

2.4.2 瑶族各支系服饰图案

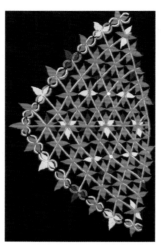

图 2-182 百色田林盘瑶女子裤脚的绣花纹样（生命树纹、人形纹、波浪纹）

图 2-183 桂林全州东山瑶女衣摆处的绣花（蜘蛛网纹、太阳纹）

图 2-184 河池南丹白裤瑶男裤腿上的"血手印"和"蜘蛛网纹"

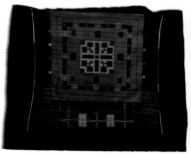

图 2-185 河池南丹白裤瑶女子衣背的"瑶王印"

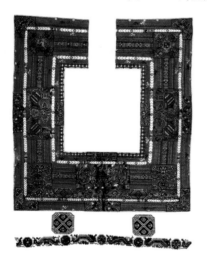

图 2-186 桂林龙胜红瑶女子刺绣花衣纹样（龙犬、太阳、龙蛇、大鸟、蝴蝶、人形、瑶王印等）

图 2-187 来宾金秀盘瑶头饰盖头纹样（太阳、人形、万字纹）

苗族服饰

3.1 苗族概述

　　苗族是我国南方少数民族之一。据《2015 年广西壮族自治区 1% 人口抽样调查资料》显示，广西的苗族人口为 60.95 万，占广西总人口的 1.02%，约占全国瑶族人口的 6.5%。广西苗族主要居住在桂林龙胜、柳州融水、柳州三江、百色隆林地区。广西苗族自称"木""蒙""达吉"，他称有偏苗、白苗、红苗、花苗、清水苗、素苗（也称栽姜苗）、草苗等，新中国成立后统称为苗族。

偏苗老年女服

　　黄帝时的"九黎"，尧、舜、禹时的"三苗"，商周时的"荆蛮"（亦称"南蛮"），与苗族来源有着密切关系。公元前 3 世纪，苗族居于今湖南洞庭湖一带。其后溯沅江而上，进入湘、鄂、川、黔毗邻地区的武陵郡，与当地的其他少数民族统称为"武陵蛮""五溪蛮"。其中一部分不断向西南迁徙，唐、宋时期进入今广西融水苗族自治县。到明末清初，广西南丹、隆林等地都有苗族居住。

　　融水苗族自治县解放前夕还保存着原始氏族社会残余的"寨老"制度和"竖岩"会议制。大约在唐末宋初，苗族开始进入阶级社会。宋朝在苗族地区设置"羁縻州县"制度。明朝建立土司制度。清朝康熙、雍正年间，实行"改土归流"。民国时期设"团""局"和"保甲制度"。

　　苗语属汉藏语系—苗瑶语族—苗语支。苗族迁徙频繁、居住分散，造成各地语言和词汇有较大差异，形成了几种方言和土语。部分苗族有自己的文字，如"坡拉字母苗文"（俗称"老苗文"），现仍在川、黔、滇部分苗族中使用；另一部分苗族的文字已失传。

　　广西苗族村寨规模有大有小，小者几户，大者几百户，房屋一般分"上人下畜"的"干栏"楼和三开或五开间的平房。

　　苗族除春节、中秋等与汉族相同的节日外，还有自己的民族节日，如苗年、吃新节、中元节、芦笙节、跳坡节等。在每个节日和聚会上，除了丰富多彩的娱乐活动，还包含男女青年进行社交活动和谈情说爱的环节。

　　苗族是一个能歌善舞的民族。民间文学十分丰富，有故事传说、寓言、谚语和歌谣，神话故事有《灯花》《龙牙颗颗钉满天》等。苗族的舞蹈，多用芦笙伴舞，故统称为"芦笙舞"。

图 3-1 百色隆林地区偏苗男服

图 3-2 河池环江驯乐苗男服

图 3-3 百色隆林地区素苗男服

广西苗族地区还流行爬竿、跳雷、鸟枪射击、摔跤等传统体育活动。民间乐器有芦笙、铜鼓、唢呐、洞箫、苗笛、月琴等。手工艺有挑花、刺绣、蜡染、编织，工艺精美，颇负盛名。

3.2 苗族服饰

从苗族服饰整体来看，男装大同小异，女装式样繁多，差异较大，既有各支系生活习俗不同的原因，也有各民族之间的相互影响，还有地区文化的差异及历史因素，主要表现在衣裙的长度、色彩和款式的不同、装饰风格和部位的区别、发髻的多样性等。

3.2.1 男子服饰

苗族男服一般为上衣下裤式样，只有极个别苗族的服饰有所不同。上衣一般为黑、蓝色立领对襟短衣，下穿黑、蓝色粗布长裤（图3-1）。有些地区会根据其支系对颜色的喜好，选用不同的色彩。如河池环江驯乐苗喜欢绿色和"亮布"，男装上衣面子用"亮布"，里子用草绿色布，穿着时将绿色外露，形成鲜明的对比（图3-2）。服装变化最大的是百色隆林地区的素苗男装，他们上穿对襟长袍，一般穿三件，从里到外依次为黑色、蓝色、黑色，服装的底摆和袖口处，从里到外一件比一件短，将里面的服装露出来；腰上围三层围腰，依次为蓝色、黑色、黑色，也是一层比一层短，黑色围腰底摆有花边装饰，用两端镶有花边的蓝、绿色腰带系扎（图3-3）。苗族男子习惯用长长的黑布巾包头。

3.2.2 女子服饰

3.2.2.1 偏苗

偏苗主要居住在百色隆林地区，人口约占隆林苗族人口的三分之二，因头挽发髻偏右脑后侧而得名。偏苗女子的服装为上衣下裙式样。上衣为交领右衽两侧开衩短衣，领口镶嵌窄花带装饰，无扣，用带子系扎，上衣颜色一般为蓝、紫、灰等色，一般穿三件，越靠里面则上衣越长，层次分明，错落有致。裙子由四节缝制而成，第一节从腰头至臀部用麻布蜡染制成；第二节从臀部到大腿中部用麻布制成；第三节用6厘米宽的花带制成；第四节用无纹饰麻布制成，长至踝，朴素典雅。从臀部至大腿中部，裙子后中加一块长28厘米、宽40厘米的硬布板，使裙子后部挺括。裙前加15厘米宽的花布蔽膝，蔽膝中间垂两条浅色细带（图3-4～图3-6）。

头饰：未婚女子用多条毛巾卷成角状戴在头上，现多以围巾取代（图3-7）；已婚女子则挽发髻，插木梳（图3-8），戴黑色头帕，中间用一条白色或蓝色布带扎紧（图3-9）。

图3-4 百色隆林偏苗女服（正面）

图3-5 百色隆林偏苗女服（侧面）

图3-6 百色隆林偏苗女服（背面）

图3-7 百色隆林偏苗未婚女子头饰

图3-8 百色隆林偏苗已婚女子发式

图3-9 百色隆林偏苗已婚女子头饰

3.2.2.2 白苗

白苗主要居住在百色隆林地区，女子喜欢穿白麻布制成的百褶裙，不染色、不绣花，一片素洁，故称白苗（图3-10）。白苗裙子较短，仅至膝，裙子用腰带系扎，腰带两头有长约20厘米的刺绣花纹装饰，系扎后任其飘于后臀部，形似飘带，平时系四五条腰带，节庆婚礼时系十多条不等，裙前加30厘米宽的刺绣精美的蔽膝，长至踝（图3-11）；裙后加百褶围裙，共分3节缝制，第一节为粗布或花布，第二节为蜡染布，第三节为七彩流苏。上衣为无领对襟结构，襟边镶宽约4厘米至5厘米的挑花带或花布，形似翻领，衣领后有挑花刺绣背牌（图3-12）；衣袖采用有色布并以刺绣装饰，过去则一般采用白色麻布料且无装饰。白苗族女子喜欢挽发盘头，头巾为刺绣最多的配饰品，宽约20厘米，花纹多为菱形，包裹成筒状（图3-13），头后部悬吊小串珠和彩线，平时素装时则从简。绑黑色绑腿。

图3-10　百色隆林白苗女挑花衣镶彩围腰和褶裙

图3-11　百色隆林白苗女服正面

图3-12　百色隆林白苗女服背面

图3-13　百色隆林白苗女子头饰

3.2.2.3 红头苗

红头苗主要居住在百色隆林地区。据说红头苗人天性喜欢红色，男女都喜欢包红色头帕，女子扎蘑菇形发髻，红色是衣着的主要颜色，因此得名。现在，红头苗女子服装的颜色已经不再局限于红色，而是五颜六色的（图 3-14 ~ 图 3-16）。服装式样是上衣下裙。上衣左侧无领，右侧翻领，无扣，袖长仅至肘部，可将里面的衣袖露出来，层次分明，美观大方。上衣后中底摆处缝制一长宽各 28 厘米的腰牌，下垂黑色流苏。上衣领子后中有一刺绣背牌。裙是百褶裙（图 3-14），一般由 3 节缝成：上节是粗布，中间是蜡染麻布，下节是刺绣宽花边布；裙长到膝，腰部用长黑布带缠绕；裙前加 30 厘米宽的刺绣精美的蔽膝，长至脚踝，用彩色腰带系扎，行走时自然摆动，富有节奏；绑黑色绑腿。

图 3-14 百色隆林红头苗百褶裙

图 3-15 百色隆林红头苗女服

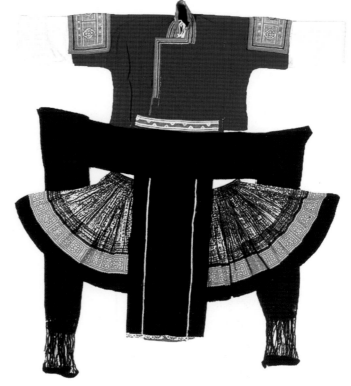

图 3-16 百色隆林红头苗女服

3.2.2.4 花苗

花苗主要居住在百色隆林地区。花苗的"花"是指花苗女子所穿上衣比其他支系的刺绣更多、更繁复，用"花团锦簇"来形容花苗是很恰当的。花苗的上衣为对襟衣，前面两片长至膝，胸部以上全部为刺绣，胸部以下为蜡染布，中间为无纹饰粗布，最下方为蜡染布，上衣后中底摆处缝制一长宽各 28 厘米的腰牌（图 3-17）。下穿蜡染百褶裙，腰部用长黑布带缠绕，裙前加 30 厘米宽的刺绣精美的蔽膝，长至脚踝，用彩色腰带系扎，行走时自然摆动，富有节奏；绑黑色绑腿（图 3-18）。

每逢节日花苗人就会梳弯月发式，这种发式是花苗祖先传承下来的。先用黑布缝成一弯月牙状，以头发裹之，再在头发外裹花头巾（图 3-19）。这种发式需长发，因此，花苗姑娘个个发长过腰。

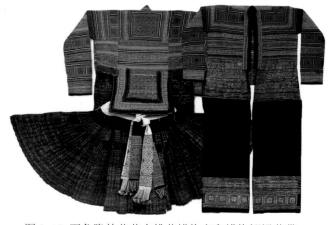

图 3-17 百色隆林花苗女挑花蜡染衣和蜡染褶裙花带

图 3-18 百色隆林花苗女服（正面和背面）

图 3-19 百色隆林花苗弯月发式（正面和背面）

3.2.2.5 素苗

　　素苗主要居住在百色隆林地区。素苗又称栽姜苗。素苗女子利用黑绒线挽螺状发髻（图3-20）。服装分为常装和盛装。常装上衣为蓝色右衽大襟短衣；下穿底摆镶花边的百褶裙；裙前加黑布围腰，底摆镶花边，用两端有刺绣花纹的蓝色腰带系扎（图3-21）。盛装上衣为典型的贯头衣式样（前面一块布，后面一块布，将两块布在肩部缝合），并在其上加翻领（翻领的制作方法：用两块黑色长方形且四周镶白边的布，中间对折后缝在衣领处），就形成四层翻领的效果。袖子也是由两块长方形的布中间对折，并缝合成筒形，在肩部与衣身缝合。整个衣身及袖子都被勤劳的素苗姑娘刺绣上图案，无一处遗漏。上衣前片长至腰，后片腰部以下系蓝色刺绣腰牌；下穿百褶裙，裙底摆处有刺绣花边；裙前加黑布围腰，底摆镶花边，用两端有刺绣花纹的蓝色腰带系扎；绑黑色绑腿（图3-22、图3-23）。

图 3-20 百色隆林素苗挽螺状发髻（正面和背面）

图 3-21 百色隆林素苗女常服

79

图3-22 百色隆林素苗女盛装

3.2.2.6 清水苗

清水苗主要居住在百色隆林地区。传说清水苗的祖先来自清水江边，因具有良好的卫生饮食习惯而得名。其女子服饰为上衣下裙。上衣颜色比较丰富，有红、蓝、粉等色，立领右衽大襟衣，衣襟处绣有三条彩色图案，衣袖上有八条不同颜色的绣花，腰缠蜡染腰带，系挑花围腰（图3-24）。裙是青布花裙，长至膝，分为上下两节，上节为蜡染布，下节为刺绣花布，色彩层次分明。裙前加30厘米宽的刺绣精美的蔽膝，长至踝（图3-25），过去多以挑花或贴花饰边，中间镶一条挑花作装饰，用彩色腰带系扎，行走时自然摆动，富有节奏。清水苗挽小发髻于头顶，喜用银钗插发髻，缠黑色头巾呈圆盘状。年轻女子在黑巾外加一层挑花带，节庆或婚礼时要绕上八九条头巾（图3-26）。绑白色绑腿。

图3-23 百色隆林素苗女盛装（广西民族博物馆藏）

图3-24 百色隆林清水苗女服（正面和背面）

图 3-25 百色隆林清水苗女服

图 3-26 百色隆林清水苗女子头饰

3.2.2.7 中堡苗

中堡苗主要居住在河池南丹、月里、上堡地区。其服装形制为上衣下裙式。头挽半圆形髻于顶，以髻大为美；上穿前短后长的黑或蓝色蜡染贯头衣（当地称为"马鞍衣"）（图 3-27），衣袖绣红、黄色几何纹，极为富丽；下着蜡染挑花多截式百褶中长裙，其色彩自上而下为黑、蓝白花、黄、红，裙边黑地挑红花，裙摆宽达六七米（图 3-28）；系四五条黑围裙，缠腰带；绑白绑腿（图 3-29）。

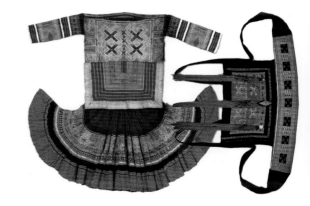

图 3-27 南丹中堡苗女服

图 3-28 河池南丹中堡苗女裙（广西民族博物馆藏）

图 3-29 河池南丹中堡苗女服

图 3-30 柳州融水苗族对襟女服
（融水民族博物馆藏）

图 3-31 柳州融水苗族左衽女服
（融水民族博物馆藏）

图 3-32 柳州融水苗族银冠、
银项圈

图 3-33 柳州融水苗族女子百鸟衣

图 3-34 柳州融水苗族女子百鸟衣背面（融水民族博物馆藏）

3.2.2.8 融水苗

融水苗主要居住在柳州融水、三江等地。其服装上衣为无领对襟或左衽短衣，下穿百褶裙。因与侗族相邻，其服饰吸收了侗族的特点，如布料采用侗族特有的"亮布"；外衣内围胸兜，胸兜上部刺绣精美图案，使之露于外衣敞领部位，为整件服装增加了鲜明的特色（图 3-30、图 3-31）。女子盛装时戴银冠、银项圈和银压领（图 3-32）。

该地区跳芦笙时穿百鸟衣，其肩、背、胸部都饰有带羽毛的珍珠串和白绒球，下穿百褶裙，外罩与之等长的 20 多条绣花飘带裙，绑亮布绑腿（图 3-33～图 3-35）。

图 3-35 柳州融水苗族女子百鸟衣
正面（融水民族博物馆藏）

3.2.2.9 驯乐苗

驯乐苗主要居住在河池环江地区。该苗族的服饰和银饰都非常有特色。上衣为对襟翻领式样，面料用"亮布"，里料用草绿色布料，两侧开口，前后中间长、两边短，上衣前后片从袖子以下展开，呈菱形。盛装时穿多层，场合越隆重，层数就越多，一般为偶数（图3-36）。内穿草绿色的胸兜，前胸部位刺绣花纹，胸兜的前中部位分叉呈燕尾形。下穿两条百褶裙，内裙至踝，为黑色无纹饰百褶裙；外裙至大腿中部，为蜡染百褶裙。裙后垂5条带银铃的飘带裙（图3-37）。常装时蜡染百褶裙内穿裤。头发以弯月形绾于头顶，并插银簪固定。有些地方的女子在头上插带有银瓜子的银牌和银锥，有些地区直接戴银锥头帕，而有些戴德银帽。颈部戴绞花银项圈和银项链，手戴银镯，这些银器也均为偶数（图3-38）。

3.2.2.10 草苗

草苗主要居住在柳州三江地区。女子上穿立领右衽大襟长衫，长至大腿中部，腰部以下两侧开衩，面料为"亮布"，衣襟、袖口、开衩部位镶花边；腰扎蓝色织锦花带；下着底摆镶蓝边的黑色百褶裙（图3-39）；绑彩色花锦绑腿；头扎黑色头巾；传统女鞋为云头绣花女鞋（图3-40）。

图3-36 河池环江驯乐苗女装正面

图3-37 河池环江驯乐苗女装背面　　图3-38 河池环江驯乐苗女装银饰

图3-39 柳州三江草苗女装

图3-40 柳州三江草苗传统女鞋

3.3 苗族服饰纹样

苗族一直生活在崇山峻岭之中，由于生存环境恶劣，存在很多不能解释的现象，苗族人民都将它们归结为神、鬼或灵的作用。因此，苗族不仅崇拜自己的始祖图腾，而且崇拜自然界中所有异乎寻常的东西，如巨石、怪树等，并通过巫术的形式进行崇拜和祭祀。直到今天，他们信奉的仍然是自己本民族的原生型宗教，具体包括巫术信仰、自然崇拜、图腾崇拜和生殖崇拜四大类。苗族是一个只有语言而没有文字的民族，他们的文化自古以来都是通过服饰传承的，因此苗族服饰也被誉为"穿在身上的史诗"。苗族服饰上的纹样、图案都反映了苗族人民的宗教信仰，以及他们对祖先及自然界万事万物的崇拜和敬畏，并表达了他们对美好生活的向往和追求（图 3-41、图 3-42）。

图 3-41 苗族单独纹样

图 3-42 苗族挑花被面上的纹样

3.3.1 巫术信仰类纹样

　　大多数苗族人虔信巫术。巫术是巫师借助自身的主观行为影响鬼神的法术。苗族人进行巫术活动时，必须请"古桑"（巫师）到场做法事，因此他们的巫术属于接触巫术。在苗族人的观念里，巫术活动是十分严肃的，它的作用主要有祛病、防灾、占卜、神明裁判等。在苗族人眼里，天下万物皆由鬼、神或灵主宰，人生病或家里发生灾祸都是因为触犯了鬼、神或灵，因而求助于巫师做法事，以驱鬼辟邪。苗族地区流传有大小数十种鬼，凡有灾病就请"古桑"（巫师）送鬼。送小鬼用鱼和鸡鸭，送中鬼用羊，送大鬼用猪和牛。如果苗族村寨火灾频繁，村民每年还要举行一次"清寨"祭祀活动，以送走火神。"清寨"期间，外人不得进村。因此，苗族服饰上出现了各类表示祭祀的纹样，包括自然物类纹样和祖先图腾类纹样，也包括生殖特征明显的动植物纹样。

3.3.2 自然崇拜类纹样

　　苗族的自然崇拜包括两大类：第一类是日、月、星辰、河流、山川、怪石、溶洞等自然界亘古存在的事物；第二类是大自然中存在的风、雨、雷、电等自然现象。由于苗族人长期生活在大山之中，他们的生产力十分低下，属于原始的稻耕民族。风调雨顺、五谷丰登，是他们最淳朴的愿望，而这一切都离不开大自然。因此，自然界中的各类自然现象及与农业收成有关的各类自然物都成为他们赖以生存的祭拜对象。这就是他们信奉"万物有灵"最直接的反映。在广西的苗山深处，我们经常可以看到山崖、巨石、古树、泉边甚至土堆上贴着或挂着巴掌大小的红纸条幅，旁边还有香烛、纸钱及酒肉祭品等。苗族人认为一些巨型的、不同寻常的或者很古老的自然物都是有灵性的，对其顶礼膜拜，就能驱灾辟邪。有些苗族人为了能让经常生病的孩子健康成长，会让孩子从小拜认这些自然物为契父、契娘，每逢年节都要烧香祭祀，以求保佑。因此，在苗族人用来背孩子的织锦背带上，我们经常可以看到太阳纹、云雷纹、水波纹、巨石纹、古树纹等纹样，它们表达了父母对孩子深切的爱。

3.3.3 图腾崇拜类纹样

　　图腾一般被认作是本民族起源的一种或几种物种，一般是民族的祖先或保护神等，它们是神圣不可侵犯的，每逢年节，苗族人民都要对其顶礼膜拜。由于苗族支系众多，每个支系的图腾也各不相同，如生活在贵州雷山、凯里地区的苗族信奉的图腾是蝴蝶、泡沫和枫树，生活在广西融水地区的苗族信奉的图腾是蝴蝶、锦鸡、牛、龙、鼓，而生活在湖南的一些苗族支系信奉的图腾是铜鼓、牛、龙。虽然信奉的图腾不同，但每个苗族支系的传说故事表达的意思几乎都相同，都是告诉我们这些图腾给苗族人民带来了生命和之后的幸福生活。

3.3.3.1 蝴蝶

　　在广西融水苗族中流传着一些苗族古歌，其中有"空桐树生蝴蝶，蝴蝶生七个蛋，有一个生顶劳，顶劳是苗族始祖，是他繁衍苗族人"的记载。从这首苗族古歌中，我们不难看出蝴蝶是苗族的始祖。因此，蝴蝶被苗族人视为图腾加以保护和崇拜。苗族人相信，将祖先图腾佩戴在身上，可以得到祖先的一些特质并能得到他们的保护和庇佑。因此,在苗族服饰上中有许多蝴蝶纹样(图3-43、图3-44)。这些蝴蝶纹样一般是头接头或尾结尾成对出现的,很少单独出现,成对的蝴蝶纹样不仅能带来始祖的庇护,同时也表达了苗族人民对生育繁衍的渴盼。

图 3-43 蝴蝶纹样一   3-44 蝴蝶纹样二

3.3.3.2 牛、锦鸡、龙、鼓

在柳州融水苗族聚居地的中央广场上,都竖立着一根图腾柱(图3-45)。该图腾柱多为木质,也有个别地区采用石质。柱高接近20米。柱的顶部是一只面朝东方的锦鸡。在离柱顶2米左右的地方,装有一对木制水牛角。柱身盘有一条五彩金龙。柱子插在木鼓中。

该图腾柱是苗族的象征,它的由来还有一段美丽的传说:

苗族经历大洪水之后,只有寄身在葫芦中的两兄妹存活下来。为了繁衍生息,两兄妹结

图 3-45 柳州融水苗族图腾柱

成夫妻。他们从猎获的锦鸡嗉囊中得到了小米的种子,开始垦荒种地。牛勤勤恳恳地帮助他们,成为他们耕作的好帮手。不久,天地大旱,他们设龙坛祈雨,龙受到感化,为他们招来雨水,使他们能够在洪水侵袭之后的大地上生存。到了丰收的季节,兄妹俩为了感谢神灵的庇护,敲响了木鼓,神灵听到了召唤,纷纷下凡来享用他们祭祀的美食,并赐予他们来年的好收成。从此以后,苗族人民建立村寨之前都会立图腾柱,以祈求得到神灵的庇护。因此,苗族织锦中经常会出现牛、龙(图3-46、图3-47)、锦鸡(飞鸟,图3-48)和鼓的纹样。

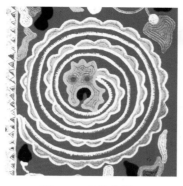

图 3-46 盘龙纹样

图 3-47 蜈蚣龙纹样

图 3-48 锦鸡（飞鸟）纹样

3.3.3.3 铜鼓

铜鼓原本是一个族群权利的象征，有点像汉族社会中鼎的作用，后来逐渐演变成西南少数民族在重大节日或祭祀活动中常用的一种乐器。由于每个族群的铜鼓只有一套，因此铜鼓一般由族中最德高望重的人掌管。每年在开春的时节请出铜鼓，击鼓欢歌后，表示可以开始春耕了，而金秋收获后，击鼓庆祝丰收并祈祷来年的风调雨顺，之后便将铜鼓珍藏起来。因此，铜鼓代表希望、欢乐和喜庆，是丰收和兴旺的象征。为了将这些欢乐延续下去，苗族妇女用灵巧的双手将铜鼓纹样编织在苗锦上，用以表达他们对丰收的向往，以及对喜庆的渴望。

3.3.4 生殖崇拜类纹样

苗族是历史上历经苦难最多的民族之一。为了本民族的繁衍，苗族人民把希望寄托在能够给他们带来人丁兴旺的动植物神灵身上，因此出现了对花、蝴蝶、鱼等纹样的崇拜。

3.3.4.1 花

受到壮族的影响，苗族也崇拜花婆神。在神话传说中，姆六甲是掌管生育和健康的女神，她给人间送去红花就会生女儿，送去白花就生儿子。因此，苗族的很多地区供奉有花婆庙。因此，苗族织锦中出现了各色各样的花的纹样。

3.3.4.2 鱼

由于鱼是卵生动物，它们的繁殖能力特别强，因此成为苗族崇拜的物种之一。在苗族服饰纹样中，有大量鱼纹样的存在（图3-49）。

图 3-49 鱼纹样

3.3.5 苗族刺绣纹样（图 3-50 ~ 图 3-53）

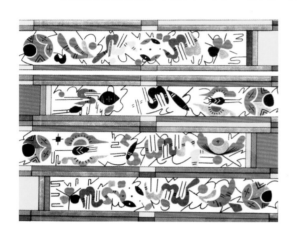

图 3-50 苗族衣袖上的刺绣纹样
（太阳、龙、鸟、山、蝴蝶）

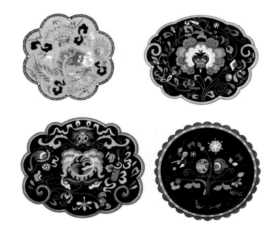

图 3-51 苗族童帽帽顶的刺绣纹样
（龙、花、蝴蝶、枫树）

图 3-52 苗族童帽帽顶的刺绣纹样（花、蝴蝶、鸟）

图 3-53 苗族背带上的刺绣纹样
（龙、蝴蝶、花、山）

侗族服饰

4.1 侗族概述

侗族是我国南方人口较多的一个民族。据《2015年广西壮族自治区1%人口抽样调查资料》显示，广西侗族人口为36.22万，约占广西总人口的0.6%，主要分布在三江侗族自治县境内，分布特点是大聚居、小分散。

战国至秦汉之际，侗族属于"百越"族群中的骆越支系，隋唐时被称为"僚"，有的史书称之为"峒僚"或侮称为"蛮僚"。唐宋时期，中央封建王朝在侗族先民居住地区建立羁縻州、县、峒，这里的侗族先民被称为峒民。从宋代起，有的学者将今湖南沅江流域的侗族先民称为"仡伶"。明代，"峒民""峒人""洞蛮"逐渐成为侗族的专称。清代则多称为"峒民""洞家""洞苗"，有的泛称为"苗"。民国时期，已明确称为"洞人""洞家""洞民""洞族"。解放后，统称为侗族。

侗语属汉藏语系—壮侗语族—侗水语支。侗语分南北两大方言，广西的侗族属于南部方言区。侗族没有自己的文字，通用汉文。

侗族多聚族而居。一个村寨有一个至几个大姓，大寨有五六百户。村庄依山傍水，房屋以"干栏"为主，楼下安放农具、杂物以及喂养牲畜；楼上住人，中为厅堂，两边为火塘，是炊煮和取暖的地方，两头为卧室；三楼为卧室和粮仓。

鼓楼是侗族一村寨或一族姓的标志，也是其政治、文化活动的中心。风雨桥是侗寨外面为过河而建筑的桥梁，造型别致。凉亭、石板道、寨门、水井亭、干栏房、鼓楼、风雨桥等建筑群，构成了侗族村寨的特色。

侗族家庭组织为一夫一妻制小家庭，严格实行族外婚。青年男女婚前恋爱自由，结婚时须征求父母的同意。过去姑表婚盛行，解放后已基本消失。

侗族人民能歌善舞，歌有大歌、双歌、耶歌、琵琶歌等；舞蹈有芦笙舞、踩堂舞、春牛舞和瓠颈龙灯舞等。另外，侗锦、刺绣、银饰、侗布和竹藤编织等，都有鲜明的民族特色。

此外，每年三月三侗族会举行非常有趣的传统活动——花炮节。

4.2 侗族服饰

4.2.1 男子服饰

4.2.1.1 常装

侗族男子服装为上衣下裤式样，多数地区采用侗族特有的"亮布"进行缝制。上衣一般为立领、对襟（图4-1）。柳州三江八江、良口等地男子穿白裤，绑黑色绑腿，绑腿上部翻下一绣有"太阳纹"的三角形布片（图4-2、图4-3）。多数地区的男子头包头巾，用长长的亮布制成；三江八江地区的男子在头上插锦鸡翎，表现男性的英勇（图4-2）。

4.2.1.2 芦笙衣

侗族节日庆典时的芦笙舞极为盛大，因而侗族的芦笙衣非常华丽。芦笙衣一般由上衣和飘

图 4-1 三江、融水大部分地区　　图 4-2 三江八江侗族男服　　图 4-3 三江良口侗族男服
的男服式样

带裙组成。每个地区的芦笙衣又有很大的差异。三江大部分地区的男子芦
笙衣式样见图 4-4。差异最大的是三江同乐地区，该地区男子头戴"龙头
帕"，身穿长至脚踝、绣有 12 个太阳和 12 个月亮的裙子（图 4-5）。

4.2.2 女子服饰

4.2.2.1 上衣下裙

柳州三江八江的女子服饰为上衣下裙式样。上衣为蓝色无领左衽短衣，
两侧开衩；下着长至膝盖的黑色百褶裙（图 4-6）；绑黑色绑腿；比较突
出的是银项圈、银发钗和银绒花（图 4-7）。

图 4-4 三江侗族男子芦笙衣　　图 4-5 三江同乐侗族男子芦笙衣　　图 4-6 三江八江
侗族女服

图 4-7 三江八江侗族女子头饰

柳州三江富禄的侗族上衣为无领对襟短衣，两侧开衩（图 4-9）；内穿领部绣有"太阳纹"的胸兜（图 4-10），胸兜下部的三角形比上衣长；下着至膝盖的黑色百褶裙（图 4-8）；绑黑色绑腿。年轻人衣襟上的刺绣装饰较多，老年人装饰较少。

柳州三江苗江的侗族上衣为无领大襟短衣，下着长至膝盖的黑色百褶裙（图 4-12），裙外加百褶围腰（图 4-11）；绑黑蓝色绑腿；颈上戴排圈，最多可带 9 个项圈和项链。因受苗族的影响，项链以蝴蝶纹项链居多。

图 4-8 三江富禄侗族女服

图 4-9 三江富禄侗族女上衣

图 4-10 三江富禄侗族肚兜上的"太阳纹"图案

图 4-11 三江苗江侗族女服

图 4-12 三江苗江侗族百褶裙

柳州融水的侗族服装为上衣下裙。上衣有对襟（图4-13）和交领（图4-14）两种式样，领口、袖子有花边装饰，内穿胸兜；下着至膝盖的黑色百褶裙，裙外加百褶围腰（图4-14）；绑黑色绑腿。

4.2.2.2 上衣下裤

柳州三江同乐的侗族上衣为黑色无领对襟短衣，领口、底摆镶蓝边，两侧开衩；内穿领部绣有"太阳纹"的胸兜，胸兜下部的三角形比上衣长；下着黑色长裤（图4-15、图4-16）。女子头盘发髻，置于头的左前方或脑后，插头槽或银梳，戴耳环、手镯和项链。侗族中有很多支系穿着裤装，其服装款式与三江同乐相同，只是颜色、花边有所不同。

图4-13 融水侗族对襟女服

图4-14 融水侗族交领女服

图4-15 三江同乐侗族女服

图4-16 三江同乐侗族女上衣

4.3 侗族服饰纹样

　　侗族是一个信仰多神的民族，相信"万物有灵"，于是这些"万物"被应用在侗族的服饰中，以祈求平安无灾，得到神灵的蔽护和保佑。例如：谷粒纹与谷种崇拜有关，流行于整个侗族地区的习俗"吃新节"就是谷种崇拜的反映；水波纹、漩涡纹与侗族的水崇拜有关；螺旋纹、龙纹分别来源于侗族的蛇崇拜与龙图腾；圆圈纹与太阳崇拜有关；云雷纹来源于天崇拜、雷崇拜；齿形纹与山崇拜有关；蝴蝶纹、飞鸟纹等与林木崇拜有关。侗族人对纹样布局非常讲究，习惯将各种花、鸟、鱼、虫绣在圆形或方形图案中，圆形象征上天，太阳是天的代表，方形象征大地。从侗族纹样的布局可以了解侗族人对天地的崇拜（图 4-17 ～ 图 4-22 ）。

图 4-17 侗族齿形纹、树纹、太阳纹

图 4-18 侗族飞鸟纹样

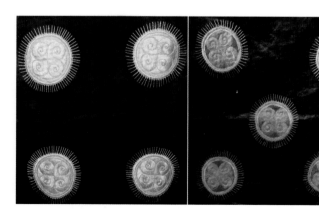

图 4-19 侗族太阳纹样

图 4-20 侗族蝴蝶纹样

图 4-21 侗族花卉纹样一

图 4-22 侗族花卉纹样二

彝族服饰

5.1 彝族概述

彝族是中国西南地区一个具有悠久历史的民族。据
《2015 年广西壮族自治区 1% 人口抽样调查资料》显示,
广西彝族人口为 14.6 万,约占广西总人口的 0.02%。广
西的彝族,56% 分布在隆林各族自治县的德峨、克长、者
浪和岩茶 4 个乡的 10 多个村寨,26% 分布在那坡县城厢、
百都和下华 3 个乡的 9 个村寨,其余居住在西林、田林县内。

广西彝族是在不同时期从滇、黔等地迁来的,何时迁入,
说法不一,但最迟在明代初年已陆续迁入隆林等地,至今
有六百多年。

黑彝女服

彝族有本民族的语言和文字。广西彝族使用彝语,多
数兼通汉语,也懂附近的民族语言,如苗语、壮语等;彝文,只有毕摩识得少许,基本不使用。

彝族多为一夫一妻制家庭,重舅权,重女方亲戚,习惯实行姑舅表婚,部分地区流行入赘婚。
婚丧习俗颇有特点,如舅舅对外甥的婚约有较大支配权,有人过世先向舅家报丧;女婿在红白事
和各种节庆活动中起着重要作用等。

彝族人珍爱铜鼓,铜鼓在他们的生活中占有重要地位。凡遇年节都会敲铜鼓,跳铜鼓舞。建
新房敲铜鼓,遇丧事也敲铜鼓,结婚等喜事一般少用铜鼓,若远来客人多,也可以使用。彝族人
一听见铜鼓敲击声,就会情不自禁地翩翩起舞。

彝族的节日活动较多,除了与汉族、壮族相同的以外,比较盛大的还有:白彝农历二月初十
的补年节;红彝农历三月二十四至二十六的求雨节;白彝农历四月初的跳弓节(各屯的跳弓节的
时间有所不同,早的从农历四月初三开始,最迟的从农历四月十一或十二开始,一般持续三天);
黑彝农历六月二十四的火把节。跳弓节的主要内容有祭奠先祖、土地、山神,祈求丰收,演习古
代先人战争、生活的场面,由摩公向人们讲述本民族的历史,以示不忘民族传统,以及跳芦笙舞、
铜鼓舞、饮酒聚餐、对歌等娱乐活动。一屯过节,方圆数十里的各族群众都来参加,非常热闹。
求雨节这天,家家蒸五色糯米饭,准备丰盛的酒菜招待前来参加求雨的各族客人。求雨的祭品由
红彝全寨共同筹备:一头牛、一头猪、一条狗、一只鸡。求雨之前,先杀狗宰猪祭拜土地公,然
后宰牛祭拜道场。宰牛之前,先在寨子周围各处路口堆放一些生树枝,宰牛后将牛血洒在路口树
枝上,意在驱邪消灾,也以此告诉过路客人:今天是红彝求雨节,欢迎路过的客人、朋友到彝家
作客,共同求雨。

白彝族中有特殊的七老制度。七老也叫七师,即屯中选出来的最有威望、妻子健在、有儿女、
人品好的七个老人,他们的妻子则叫七婆。七师中有两位是祭司,第一祭司叫腊摩,第二祭司叫
司囊。其余五位老人又被称为五师或五老。五师相当于候补人员,如果第一祭司或第二祭司去世,

图 5-1 百色隆林地区黑彝族男服

图 5-2 百色隆林地区黑彝女服

或他们的妻子去世，便由五师中的一位代替。正式顶替叫立位。立位时需由四个人（舅舅、同族兄弟、姑爷、女婿）到云南与广西交界、名为"广西坳"的地方，砍伐当地的竹子做成象征权势的竹剑，才能正式立位。

5.2 彝族服饰

5.2.1 黑彝

广西的彝族，按当地习惯说法，可分为黑彝、白彝、红彝三种（这里主要按衣饰分，而不是等级意义之分）。居住在隆林、西林县（自治县）的彝族基本上是黑彝。他们一部分来自滇西，一部分来自云南的东川、会泽、曲靖一带，经黔西南迁入隆林、西林。其语言、衣饰、习俗与四川凉山、黔西北、云南楚雄、大理等地的彝族相近，崇尚黑色，男子头扎"英雄结"、身披"察尔瓦"，女子着右衽滚边上衣、长裙。现在，隆林地区这部分彝族的服饰、节日习俗均已变化，与当地壮族、汉族相同，语言仍与川、滇、黔的彝族相同。

5.2.1.1 男子服饰

男子用长数尺的黑色或深蓝色布巾包头，额前右方或左方裹成细长锥形并突出于巾外，称为"兹贴"，汉称"英雄结"；身穿红色立领对襟布扣短衣，窄袖，袖口、襟上嵌不同颜色的花边，或用五色棉布细条镶嵌其间，佩戴"英雄带"；外披用羊毛绒编织成的深蓝色披毡，称"察尔瓦"，冷时可御寒，晴时可遮日，雨天作雨衣，睡觉当被盖；裤子用蓝色棉布缝制，裤脚较宽大（图 5-1）。

5.2.1.2 女子服饰

女子身穿镶边或绣花大襟右衽上衣（图 5-2），领口、袖口、襟边、下摆边缘镶有蓝、红、白色宽布条或用彩色丝线织成各种图案，衣领中部纽扣处钉有银花装饰；裙子用红、黄、蓝、白等色彩鲜艳的棉布或羊毛布缝合成三节，上节为裙腰，中节成筒状，下节成皱褶，俗称"百褶裙"（未婚女子穿两节小裙，成年后举行换裙仪式，称"沙拉勒"，即换成三节裙，此后进入婚恋期）；青年女子或已出嫁而未生育者用青色或黑色布折叠成瓦式头帕，并压以发辫；腰佩三角荷包，下缀五色飘带。服装的纹饰工艺称为"做花"，大致有挑花、贴花、穿花、锁花、盘花、滚花、补花、刺绣等。纹样有波浪纹、鸡冠纹、牛眼纹、星纹等。中老年女子服装颜色没有年轻人艳丽，一般为黑、蓝、灰色，用黑色头帕裹头（图5-3）。

图5-3 百色隆林地区黑彝头饰

5.2.2 白彝

历史上的彝族，由于部落之间的征战、彝族奴隶主和汉族封建主之间的争夺以及统治者的压迫等原因，经历了多次迁徙，尝尽了颠沛流离之苦。然而，民族的苦难经历，另一方面也促进了彝族民族意识的觉醒与发展。为了让后辈们牢记先辈们的历史，每一个彝族人都自觉地沿袭着先民们流传下来的古老习俗与传统，所以，白彝支系的服饰从唐代至今仍未有任何质的变化，完整地保持着唐代彝族服饰的特点。

白彝居住在城厢镇达腊村达腊屯、念毕屯和念甲村者祥屯，总人口2000余人。白彝常喜用白、黑、青、蓝等色，染料多采用当地盛产的植物板蓝根。白彝服饰主要分为男子服饰、女子服饰、麻公服饰，也可按穿着场合分为节日服饰和日常服饰，节日服饰尤为丰富多彩。

5.2.2.1 男子服饰

彝族男子着白色右襟上衣，前胸正中绣有象征太阳光芒的绣花，腰系黑色腰带，下穿宽筒黑裤，裤脚口多绣有一层20厘米宽的花纹，扎三角形黑色绑带，头系方格头巾或纯黑头巾，并扎成圆形，外套一件前后均有12个口袋的背心（图5-4）。据当地老人的一种说法，彝族先民曾用这种背心作为武器袋；另一种说法是彝族始祖孟获为了从自己的家乡——云南曲靖运来可以播种的五谷种子以及日常生活用的草药、茶叶、烟丝等物品，特别制作了一件前后均有16个口袋的背心褡裢用来背这些物品，后演变成为现在前后有12个口袋的背心。

图5-4 百色那坡白彝男服

5.2.2.2 女子服饰

那坡彝族女子服饰以对襟或大襟短衣、中长平膝宽筒裤为主要款式，上衣多为短及腰际的无扣白布上衣，两襟相距约半寸，内穿领口处饰有银质领牌的胸兜，衣襟袖口镶嵌一条绣有花纹

图 5-5 百色那坡白彝女装

图案的黑布；头系两条布巾，方格巾在内，外缠蓝靛色布巾（图 5-5~ 图 5-7）。胸兜肩部有花纹图案，两端顶角饰以贴有银冠或锡冠的锦带，翻过两肩，沿脊背垂吊于身后，锦带尾部还连缀六串 3 寸长的彩珠。腰间围一条三寸宽的黑色榆树皮大腰环，腰环外层配锦带，锦带上贴锡片或银片，相传由古代用于作战的护身符演变而来。小腿扎黑色绑带。七婆一般穿蓝色或绿色服装，以显示她们的高贵身份（图 5-8）。

百色那坡地区白彝的麼公妈贯头衣（图 5-9），其前胸、后背均有蜡染的日月星辰图案，衣袖和下摆镶绣几何纹的红、蓝、黑色布，彝家称为"龙凤图"，寓意驱邪除害、如意吉祥；腰饰白莎树皮作衬的织锦腰环。跳公节时要重叠穿多件贯头衣，她们以多为美。

图 5-6 百色那坡白彝女服正面

图 5-7 百色那坡白彝女服背面

图 5-8 百色那坡白彝七婆服饰

图 5-9 百色那坡白彝麼公妈衣（那坡博物馆藏）

5.2.2.3 麻公服饰

麻公头戴由白色长巾做成、顶部有三个角的礼帽，象征彝族进入广西时的标志山峰——三角山，身着白色男上衣，外套一件白色长衫，左肩披白布为底、绣有花纹的方巾，右肩披方格巾，系围腰锦带，身后为两条以黑色做底、绣有各种花纹并贴有锡冠的锦带，其他则为贴有锡片的红、黄、绿等色的锦带，锦带下方为彩色线穗和珠串，脚穿船型布鞋（图 5-10）。

5.2.3 红彝

居住在百色市百省乡面良村坡伍屯的红彝（又叫花彝），人数不多。之所以叫红彝，据说是因为衣着花红且喜欢"吃红"，如过年过节用猪血、鸡血染红糯饭、喝生血等。这部分彝族用另一种口语方言，与黑彝、白彝的语言不相通。

5.2.3.1 男子服饰

红彝男子服装为立领右衽黑色大襟短衣，镶红色布扣，下着黑裤（图5-11）。

5.2.3.2 女子服饰

女子服装为上衣下裤式样。上衣为立领对襟布扣黑布短衣，衣长至脐，扣子一般用红色或橙色，袖子用织锦布缝制（图5-12），后背刺绣有水波纹、星辰纹等（图5-13）。下穿宽腿大裆裤，腰间扎三角形花布围腰。头戴黑布头帕（图5-14）。

图5-10 百色那坡白彝盛装男服

图5-11 百色那坡地区红彝男服

图5-12 百色那坡红彝女服（广西民族博物馆）

图5-13 百色那坡红彝后背图案

图5-14 百色那坡红彝头饰和项饰

5.3 彝族服饰特点

5.3.1 尚黑

黑彝喜着黑色服饰，以黑为贵，以黑为美。唐宋时期被称为"乌蛮"。彝文史籍《彝族源流》称"深邃三十三层地，成于黑色圆圈"。彝族人用黑色代表人类与之依附存在的大地一刻也不分离。

白彝所扎的头巾，无论男女，最外一层必是蓝靛色（黑色）布巾。女子腰间的榆树皮大腰环，戴前必须涂上一层黑漆，据说这样才能具有神力，保护人们吉祥安康，不受邪物干扰。70岁以上的老人，往往一身都是黑色的装扮，脚上穿的亦是黑色的布鞋。上述种种习俗，都表明白彝族人对黑色的崇拜。

5.3.2 喜红

红色象征彝族对火和太阳的崇拜。汉族视红色为喜庆吉祥之色，而彝族视红色为生命之色，对红色寄托了浓厚的情感。彝族著名的创世史诗《勒俄特依》《查姆》以及神话故事《天地万物的起源》和传说故事《火把节》等，均记载了彝族在与自然界共同生存的漫长岁月中，产生的对太阳和火的敬畏和崇拜的原因。因此，代表火、太阳以及象征勇敢、热情的红色，在彝族人心中占有特殊地位，成为彝族服饰中最喜爱的颜色。

5.3.3 爱黄

彝族视黄色为美丽、光明和珍贵的色彩。在彝族的许多民间文学作品中，描写黄色时总是充满褒扬和喜爱之情，并用黄色来代表美丽善良的女性。另外，黄色还代表丰收、富足、欢乐等。

5.3.4 尊虎

古时，黑彝族人以黑虎为图腾。他们自称为"虎族"。彝族民歌《罗喱罗》就是对虎的赞歌。彝族史诗《梅葛》称虎解体后生成天地万物，虎的左眼化作太阳，右眼化作月亮，牙齿化作星星。这体现了彝族的虎宇宙观。每年的正月初八至十五，彝族人要过世代相传的"老虎节"，即虎图腾节。由推选出的年轻健壮的男子扮虎，披上黑灰色的毡子作虎皮，脸上用黑、红、黄等色化妆成虎形。据说过"老虎节"会人丁发达、六畜兴旺，可免天灾人祸。

5.3.5 敬火

崇敬火是黑彝族人重要的信仰。彝族每家每户均有火塘，他们视之为火神的象征，严禁人畜触踏和跨越。火又代表了吉祥，因而彝族有以火驱害除魔、祈求五谷丰登的"火把节"。火镰是黑彝族取火的重要工具，因此火镰纹成为黑彝服饰的主体图案。

5.3.6 崇武

崇武是黑彝族的重要民族性格。黑彝族人以骁勇善战、英勇不屈而著称。崇武体现了该民族不断向上、乐于进取的精神。头帕缠成的"英雄结"、身上披的"英雄带",都是其精神的体现。

白彝女子腰间系的用榆树皮做成的大腰环、长至膝盖的尾饰和佩戴的胸裙以及男子身上穿着的背心等,都有与战争相关的神话或传说。相传在远古时,彝族的妇女能飞,且十分勇敢善战、本领高强,打仗时常佩戴铁皮腰环,围上这种腰环后则刀枪不入。胸前闪光的银牌,传说是彝族先民们得到的女神摆佐所赐予的胸围裙,而其闪耀的光芒击退了征杀彝族人的天兵。饰有锡冠的尾饰,据说古时是为了抵挡敌人的弓箭而穿着的。而男子穿着的前后各有 12 个口袋的背心,则是彝族先民们打仗时盛放武器用的"武器袋"(一种说法)。所以,至今白彝女子胸兜上仍缀着锡片或银片等闪光的物品,男子的"武器袋"则演变成了有 12 个类似口袋绣纹的白色背心。

虽然,这些神话或传说都带有一些神秘色彩以及神饰的成分,但是透过它们的外在表象——服饰,人们却可以看到古代彝族先民们的英勇善战和那段曲折的历史。

5.3.7 多神崇拜和万物有灵

黑彝表现在服饰中的多神崇拜,除对虎、对火的崇拜外,还包括对天地、日月、星辰的崇拜以及对龙、鸡、马的崇拜。

5.4 彝族服饰纹样

彝族服饰中的纹样非常丰富,他们将对自然形态的认识,通过抽象、夸张、变形、变色、移花接木等多种艺术手法,通过线条、图形纹样的方式表现在服装上。纹样造型夸张、新奇、大胆、古朴,风格粗犷,丰富多变。

纹样按题材可分为植物类、器物类、动物类和几何类;按工艺技法可分为刺绣、镶嵌、拼贴等;按造型风格可分为具象纹样、抽象纹样,以线造型为主或以面造型为主的纹样或者线和面相结合的纹样;按纹样的组织形式可分为单独纹样和连续纹样。其中,单独纹样多用于上衣的侧摆和前后下方的中间位置,在视觉上有点和面的装饰效果;连续纹样用于服装的衣领、门襟、胸、背、袖口、底摆等处,在视觉上构成了线的装饰效果。

按题材分类主要包括以下类别:

植物类有蕨芨草纹(图 5-15)等。

图 5-15 蕨芨草纹样

几何类有太阳纹（图5-16）、日月纹（图5-17）、火镰纹（图5-18）、波浪纹（图5-19）、漩涡纹（图5-20）、彩虹纹（图5-21）、星纹（图5-22），反映彝族人对天、地、火等自然现象的敬畏与崇拜。

图 5-16 二方连续太阳花纹样

图 5-17 日月纹样

图 5-18 火镰纹样

图 5-19 波浪纹样

图 5-20 漩涡纹样

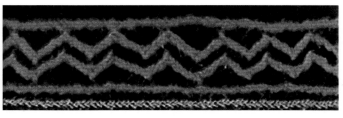

图 5-21 彩虹纹样

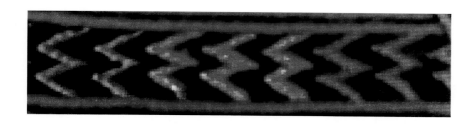

图 5-22 星纹

　　器物类有窗格纹（图 5-23）、石阶纹（图 5-24）、土司印章纹（图 5-25）等，反映彝族人民的现实生活。

图 5-23 窗格纹

图 5-24 石阶纹

图 5-25 土司印章纹

　　动物类有羊角纹（图5-26）、牛眼纹（图5-27）、牛角纹（图5-28），纹样多以牛、羊为主，代表追忆祖先在野外游牧的生活，同时象征幸福、吉祥、财富。

图 5-26　羊角纹

图 5-27　牛眼纹

图 5-28　牛角纹

水族服饰

水族女服

6.1 水族概述

水族是中华民族大家庭中的一个成员。据《2015 年广西壮族自治区 1% 人口抽样调查资料》显示，广西水族人口为 1.01 万，约占广西总人口的 0.02%，主要分布在南丹、宜山、融水、环江、都安、河池等县、市（自治县）。

水族自称为"虽"（suǐ），汉族称之为"水"，是民族自称的音译。在历史上，水族曾被称为"百越""僚""苗""蛮"等，直到明清两代，才有"水家苗""水家"的汉称。解放后，根据民族意愿，国务院于 1956 年确定其为"水族"。

水族有自己独立的语言，水语属汉藏语系—壮侗语族—侗水语支。

水族人民创造了光辉灿烂的历史和文化。很早的时候，水族人民就创造了一种古老的文字，称为"水书"或"水字"，共有 800 多字。"水文"的结构大致有三种类型：一是象形字，主要描绘花、鸟、虫、鱼等自然界中的事物及一些图腾，有的字类似甲骨文、金文；二是仿汉字，即汉字的反写、倒写或改变汉字形体的写法，故又叫"反手字"；三是表示水族原始宗教的各种密码符号。其中，许多字至今无法破译（图 6-1）。

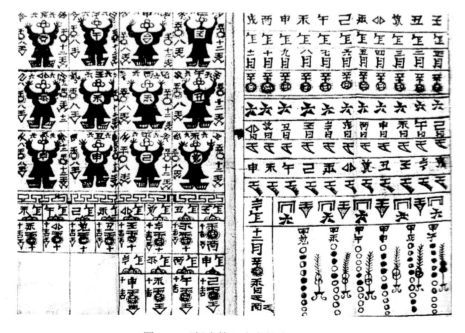

图 6-1 《择吉篇》水书抄本

水族人民还创造了自己的历法——水历。这种历法以阴历九月为新年的正月，以阴历八月为年终。水历的年终和岁首，正是谷熟时节，真正保留了"年"的本意。水族人民还创造了丰富的民间文学。《人类起源》《人龙雷虎争天下》等神话，反映了水族先民与自然界艰苦斗争的生活，揭示了人类早期群居穴处以及血缘家庭的一些生活画面；《石马宝》《简大王的故事》等民间故事，反映了水族人民反剥削、反压迫的不屈不挠的斗争精神。水族的民间乐器有铜鼓、大皮鼓、芦笙、胡琴、唢呐等，水族人民能用铜鼓和大皮鼓，演奏出典雅、抒情、奔放、热烈、哀怨、悲伤等情调。水族的斗角舞、铜鼓舞具有独特的民族风格和浓厚的生活气息。水族的工艺美术有刺绣、剪纸、印染和银器加工等，这些工艺精巧别致，久负盛名。

水族的风俗习惯颇具民族特色。端节、卯节等，是按水历来推算的。节日祭祖和丧葬祭供时，除鱼肉以外，均忌荤，鱼肉是祭祀的唯一佳肴。水族以大米为主粮，以玉米、小麦、芥麦、芋头、红薯等为杂粮。他们喜吃酸辣食品，喜欢糯食，特别喜爱鱼类食品。

水族家庭组织是一夫一妻制的父系小家庭，儿子们长大娶妻后另立门户，并奉行"同宗不娶"的婚姻习俗，同一姓氏中的大姓、小姓可以通婚，但"同宗不娶"必须恪守，否则就要受到社会舆论的强烈谴责和族法的严厉惩治。

据考，水族由古代骆越的一支逐渐发展而来。古代流传下来的水族民间歌谣中，保留着许多山川地名，与现今广西境内的一些山川地名相一致。根据水族古歌的叙述，水族的祖先最初生活在邕江流域的"芭虽山"，后来被迫离开邕江流域，渡过红水河，经河池、南丹一带，沿龙江逆流而上，迁徙到今天的水族地区。水语保留了"百越"语言的大量入声字音和短促调；古代越人习惯居住"干栏"建筑，至今水族的住房仍多为这种"干栏"式建筑；古代越人迷信"鸡卜"，现代水族民间仍残存"鸡卜"和"鸡蛋卜"；古代越人喜爱铜鼓，现在的水族人民也十分崇尚铜鼓；等等。由此可见，水族来源于骆越的说法是可信的。

水族先民从"骆越"母体中分离出来后，就一直生活在今贵州省的三都、荔波、独山、都匀一带。自晋至隋，这一地区一直在谢氏地方政权的统治之下。在漫长的发展过程中，水族先民逐渐发展成为单一的民族。唐宋时期，中央王朝在水族地区设立"羁縻州县"进行统治，元明时期又设置了土司制度，以后改土归流，派流官进行直接统治。清末民初，水族地区社会的秩序混乱，人民受尽滇黔军阀和土匪的蹂躏。在此期间，部分水族人民不堪忍受军阀和土匪的烧杀抢掠，陆续从贵州的三合、荔波、独山等县迁入广西的西北部。

6.2 水族服饰

6.2.1 男子服饰

　　水族多数地区的男子服饰与其他少数民族服饰相同，上衣为立领对襟黑色或深蓝色布扣衣，下穿黑色或深蓝色长裤。融水地区的男子服饰（图6-2）稍微有些不同：上穿无领黑色对襟衣，围绕领口和底摆处镶嵌花布和花边；内穿白色立领对襟布扣衫，袖口镶花边；下穿无纹饰白色长裤。

6.2.2 女子服饰

6.2.2.1 宜州水族服饰

　　宜州水族未婚姑娘喜着浅蓝色、蓝色或绿色长衣及靛青色长裤，衣裤边缘不加任何装饰。水族在服饰上禁忌大红、大黄的热调色彩，喜欢蓝、白、青三种冷调色彩，不喜欢色彩鲜艳的服装，喜欢浅淡素雅的服装（图6-3）。外穿绣花围腰，围腰上

图 6-2 水族男服

图 6-3 宜州龙盘村水族女服

端至颈部挂银链,围腰中部两侧系提花飘带,拖在身后。已婚女子的衣裤边角有较为繁杂的修饰,领口、衣襟、袖口、裤脚镶斜面青布大滚边,外缘镶两根滚条,滚条外缘再镶花边(图6-4、图6-5)。青年女子戴白色头帕,老年女子一般戴黑色头帕。

水族女子喜欢佩戴银饰,常见的有银梳、银篦、银钗、银花、银耳环、银手镯、银项圈及银蝴蝶针线筒等,品种多样,工艺精巧,具有民族特色。银花、银钗只有新娘才能佩戴,一般仅在结婚典礼时用。在其他节日,姑娘们只戴银项圈、压领和针线筒等饰品。

图6-4 宜州龙盘村水族女服头饰和银饰　　　　图6-5 宜州龙盘村水族女子围裙

6.2.2.2 融水水族服饰

融水地区的水族未婚姑娘喜欢用蓝、绿色的绸缎为上衣布料,衣身、衣袖较狭窄,以突显身段曲线。上衣为立领大襟衣,领子、袖口、大襟、底摆镶黑布边和花边。外穿绣花胸兜,胸兜上端至颈部挂着银链,胸兜中部两侧系提花飘带,系在身后。下装为靛蓝色长裤,已婚女子的衣裤边角有较为繁杂的修饰,裤脚镶黑布边,外缘镶两根滚条,滚条外缘再镶栏干花边(图6-6)。

图6-6 融水水族女服(融水民族博物馆藏)

仫佬族服饰

7.1 仫佬族概述

　　仫佬族是广西的土著民族。据《2015 年广西壮族自治区 1% 人口抽样调查资料》显示，广西仫佬族人口为 18.95 万，占广西总人口的 0.32%，主要居住在罗城仫佬族自治县境内。　多数仫佬族自称"伶"，少部分地区自称"谨""或"本地人"。汉族称之为"姆姥"，壮族用壮语称之为"布谨"。罗城县章罗、大新、中石等地的仫佬族，传说其祖先初来时讲西南官话，因娶当地女子为妻，所生子女从母俗，语言倒装，称母为"姆佬"（即汉称老母）。这是本民族中普遍的说法。可见，仫佬族的族称可能由自称"母亲"为"姆佬"而来。

　　仫佬族是一个历史悠久的民族。据史籍记载，仫佬族先民源于我国南方古代的百越族群，魏晋以来，仫佬族被包括在"僚""伶"的统称之内，是古代"僚""伶"的一支。史籍上，"仫佬"又写成"木佬""姆佬""木娄"等。仫佬族之名，最早见载于《新元史》的木娄苗，"木娄"实际上是最早出现的仫佬的先称。明清以后，相继以"穆佬""木老""姆佬""木老苗""伶""僚"等名称见载于史册。解放后，经过民族识别，并遵照民族意愿，族称正式确定，统称"仫佬族"。

　　仫佬族有自己的民族语言，但没有自己的民族文字。仫佬语属汉藏语系—壮侗语族—侗水语支，与毛南语、侗语非常接近。仫佬族语中吸收了不少汉语、壮语词汇，大多数仫佬人会讲汉语和壮语，通用汉文。仫佬族衣着简朴，服色尚青；崇信多种神灵，敬奉祖公。

　　仫佬族几乎每个月都有节日。由农历正月初一的春节（即农历年）开始，到农历十二月二十四送灶王爷上天，以及十二月三十（大年）或十二月二十九（小年）的除夕，全年的每个节日都有各自特色的活动形式与风格。其中最具特色的是农历四月初八的牛生节。这天，家家户户清扫牛栏，把牛洗得干干净净；给牛喂食好料，给牛放假休息；宰鸡宰鸭，备酒备肉，供奉"牛栏神"；用枫树叶汁蒸黑糯米饭，先请牛吃，然后人才吃；在大门上插枫树叶，以驱赶蚊蝇。最隆重的节日应属三年一大庆的依饭节，该节的目的是向祖先还愿，祈求人畜平安、五谷丰登。

7.2 仫佬族服饰

7.2.1 男子服饰

　　现在的仫佬族男子服饰形式与其他少数民族的男子服饰几乎完全相同。上衣为黑色或深蓝色立领对襟盘扣；下穿黑色或深蓝色长裤；头裹黑色或深蓝色头巾。

7.2.2 女子服饰

　　仫佬族女子着大襟、右衽、窄袖、立领的黑上衣，襟边、袖口镶蓝色的宽边和两条细边，袖口上端再镶1～2条窄花边，成为服装上比较醒目的装饰；下着黑色长裤，裤脚镶有一宽一窄的蓝边（图7-1、图7-2）。

图 7-1 罗城仫佬族女服　　　　　　图 7-2 罗城仫佬族女服（广西民族学院藏品）

仡佬族服饰

8.1 仡佬族概述

　　仡佬族的自称、他称有数十种之多。广西的仡佬族一部分自称"牙克"，一部分自称"图里"。据《2015年广西壮族自治区1%人口抽样调查资料》显示，广西仡佬族人口为0.98万，占广西总人口的0.02%。"仡佬"之称是"僚"的转音，源于古代的"濮"人，唐宋史书中即有"仡佬""仡僚""革老"等记载。元代以后，直到明、清、民国时期，"仡佬"之称一直沿袭下来，并因衣饰、生活、生产等特点而被称为青仡佬、红仡佬、黄牛仡佬、水牛仡佬等。此外，各民族对仡佬有种种传统称呼，如壮族称之为"孟"，苗族称之为"凯"，彝族称之为"仆"，等等。

　　广西的仡佬族都由贵州迁来，主要居住在百色隆林地区。他们在贵州的祖籍各不相同，有的来自六枝，有的来自仁怀，他们的先民在原籍上就有许多差异。仡佬族进入广西的主要原因是逃荒，居住点的自然条件比较差，在以往的二三百年中受尽自然和人为的苦难。因此，隆林仡佬族的两个支系至今保存各不相同的自称和相应的他称，在语言、风俗等方面也有相当大的区别。仡佬族人爱唱歌，有丰富的民歌和民间传说。仡佬族有自己传统的民族习俗，由于长期与壮、汉等民族杂居共处，现在，其衣、食、住、婚姻、丧葬、节日等风俗习惯已与邻近的壮、汉各族相近。节日有农历三月初三的祭山节和农历七八月间的吃新节（又叫尝新节）。祭山节的主要活动是祭山或祭树，因此也称为祭树节。仡佬族吃新节的主要意寓，一是纪念祖先开荒辟草的功绩，二是预庆丰收。

8.2 仡佬族服饰

8.2.1 男子服饰

　　现在的仫佬族男子服饰形式与其他少数民族的男子服饰几乎完全相同。上衣为黑色或深蓝色立领对襟盘扣；下穿黑色或深蓝色长裤；头裹黑色或深蓝色头巾（图8-1）。

图8-1 仡佬族男服

8.2.2 女子服饰

蓝仡佬：蓝仡佬穿立领大襟蓝色半长衫，大襟、袖口部位滚深蓝色布边；下穿深蓝色长裤；头缠层层蓝头巾；腰扎深蓝色腰带（图8-2）。

黑仡佬：黑仡佬穿立领右衽大襟衣，衣外穿胸兜，胸兜上滚一条细边，并用银链将胸兜挂在脖子上；下穿黑色长裤（图8-3）。

少女盛装：上穿立领对襟或右衽大襟衫，领口、襟边、袖口都有花边装饰；下穿绣着各种图案的长裙，裙前加蔽膝（图8-4）。

图8-2 蓝仡佬女服

图8-3 黑仡佬女服

图8-4 仡佬族少女盛装

京族服饰

9.1 京族概述

京族是中国人口较少的少数民族之一。据《2015 年广西壮族自治区 1% 人口抽样调查资料》显示，广西京族人口为 3.04 万，占广西总人口的 0.05%，主要分布在防城各族自治县江平区的山心、万尾和巫头三地及恒望、潭吉、红坎和竹山等地区。主要从事渔业，兼营农业和盐业。京族，历史上自称为"京""越""安南"，1958 年，根据本民族意愿，经国务院批准正式定名为京族。京族有自己的语言，但语言的系属未定。没有文字，绝大多数京族人通用汉语（广州方言）和汉文。京族口头文学内容丰富，其诗歌占有重要地位。京族人民爱唱歌，歌曲曲调有 30 多种，内容广泛，有山歌、情歌、婚歌、渔歌、叙事歌等。独弦琴是京族特有的民族乐器，音色非常优雅动听。

京族除了和汉族相同的春节、端午节、中秋节外，最隆重、最热闹的节日是"唱哈节"。京族农历六月初十（万尾、巫头岛）或八月初十（山心岛），正月二十五（红坎乡）时，当地京族要过最隆重的"唱哈节"，由歌手"哈妹"轮流吟唱。唱哈活动要连续进行 3 天 3 夜，一边宴饮，一边听唱。"唱哈节"过去每年都举行，各地日期不一。"唱哈"是京语唱歌娱乐之意，每逢唱哈节，京家男女老幼身着节日盛装，汇集到哈亭听哈之前迎神、祭祀，祈保渔业丰收，人畜两旺。唱哈的活动过程大致分为迎神、祭神、入席唱哈、送神四个部分。

哈节的日期，各地不相同。红坎在农历正月十五日，巫头、万尾在农历六月初十日，山心在农历八月初十日。在哈节来临时，家家户户把庭院打扫干净，布置一新，并备好菜肴，准备待客。

9.2 京族服饰

9.2.1 男子服饰

京族祖先从 15 世纪起陆续由越南涂山等地迁至广西定居，长期与汉族杂居，服饰受其影响较大。由于生活在亚热带，京族服饰用料单薄，结构简单。上衣为黑色立领对襟盘扣短衣，下穿黑色长裤，与广西大多数少数民族的男子服饰相同。过哈节时，男子穿立领大襟长袍，头戴方巾（图 9-1）。

9.2.2 女子服饰

京族女子穿立领、紧身、窄袖、大襟、两侧开高衩的旗袍式样上衣，下穿裤（图 9-2），老年女子喜欢梳京族传统的"砧板髻"（图 9-3），即将头发从正中平分，两边留着"落水"，结辫于后，用黑布或黑丝线缠着，再盘结于头顶之上。还喜欢佩戴耳环和圆而尖的竹笠。这些竹笠是京族妇女利用本地盛产的竹子编织而成的，是京族服饰的一个鲜明标志。

图 9-1 京族哈节
男服、女服

图 9-2 京族女服

图 9-3 砧板髻

毛南族服饰

10.1 毛南族概述

　　毛南族是广西土著民族之一。据《2015 年广西壮族自治区 1% 人口抽样调查资料》显示，广西毛南族人口为 8.37 万，占广西总人口的 0.14%，主要居住在河池环江、南丹、都安等地。1956 年 12 月被正式确认为单一民族，称"毛难族"。1986 年 6 月，经国务院批准，改为"毛南族"。据考证，"毛南"一词系"母老"的音转和异写。远古时候，毛南族地区住着"母老"人，后因语音发生变化而出现差别。自宋代以后，史籍上曾把"毛南"写成"峒滩""茅难""冒南""毛难"等，既是族名，又是地区的名称。

　　毛南族是从古"百越"中的"僚"支分化并发展而来的。据史籍记载，汉末至隋唐，毛南族与水族、侗族和仫佬族都分布在僚人居住的黔桂边境。在经济生活、文化习俗诸方面，他们有很多相似的地方，尤其是语言，毛南语与水语最接近，四分之一左右词汇与侗语、仫佬语相同，这反映了他们有着共同的历史渊源，都由"百越"中的"僚"支发展而来。

　　毛南族有自己的语言，属汉藏语系壮侗语族侗水语支，但无本民族的文字，通用汉字。除小孩及部分女子外，毛南人既说毛南话，又通晓汉语和壮语。

毛南族女服

　　毛南族的重要节日主要有农历五月的庙节(也叫分龙节)。清明节"赶祖先圩"和元宵节"放飞鸟"也是该民族独有的纪念活动。毛南族的节日有两个明显的特点：一是祭祀祖先；二是唱歌对歌活动。

　　毛南族的分龙节是该民族最隆重的节日，在阴历的分龙日的前两天开始举行，主要是祭祀神灵与祖先，全村男女及外嫁的女子和远方的亲友都赶来参加，隆重而热烈。过分龙节时，家家户户蒸五色糯米饭和粉蒸肉，有的还烤香猪。折回柳枝插在中堂，把五色糯米饭捏成小团团，密密麻麻地粘在柳枝上，以示果实累累，祈望五谷丰登。

图 10-1 毛南族男服和女服

10.2 毛南族服饰

10.2.1 男子服饰

上衣为黑色立领琵琶襟上衣，襟边、底摆、袖口处滚一宽一窄两条蓝色边了；下穿黑色长裤（图 10-1）。

10.2.2 女子服饰

上身穿立领右衽大襟衣，襟边、底摆、袖口滚蓝色边，并镶嵌花边（图 10-1）。毛南族女子出嫁后包青头帕，露出头顶。外出走亲访友，喜戴花竹帽（图 10-2）。毛南族花竹帽的取材十分讲究。由于早春竹材寒湿太重，而霜后的篾皮易脆，通常于夏至后、立秋前选取直而匀称的金竹和墨竹。制篾时，先破竹裁条，然后破扁篾、破薄篾，再在竹篾两头拱开梳丝，分篾至细如发丝，用于交叉辐射、细密编织。花竹帽的基本造型为平面和圆锥体的组合，编成的篾纹以五角星为中心，周边按六角形环叠交叉辐射编结，整合定型后上桐油。帽形大方，花纹美观，结实耐用。

图 10-2 毛南族的花竹帽

回族服饰

回族在广西是人口较少的民族之一。据《2015 年广西壮族自治区 1% 人口抽样调查资料》显示，广西回族人口为 4.08 万，占广西总人口的 0.07%。60% 以上分布在桂林、柳州、南宁三个市，其余分布在百色、鹿寨、阳朔等市县。据考证，广西的回族主要是元朝时期从西北经中原迁入的。回族有三大传统节日，即圣纪节、开斋节和古尔邦节。

11.1 男子服饰

回族服饰的亮点主要在头部，男子都喜戴用白布制作的圆帽（图 11-1），其帽无檐，亦称"顶帽""号帽""回回帽"或"礼拜帽"。回族喜戴号帽是根据伊斯兰教规，人们在礼拜磕头时，前额和鼻尖必须着地，戴无檐帽比较方便。《古兰经》教义还规定"不露顶"，因此号帽在回族使用至今。号帽的款式因伊斯兰教派不同而有所差异，有圆形、四角形、六角形等，颜色也有黑色、灰色、蓝色等。

有些宗教职业人员和年老持重者，不戴号帽，而在头上缠白色或黄色的"达斯达尔"（波斯语音译为"头巾"）。头巾有长条巾和方巾两种。长巾总长约 3 米，前面只能缠到前额发际处，不能把前额盖住，这样不利于叩头礼拜。头巾的一端要留出一段吊在背后，另一端缠完后压至后脑勺处的头巾层里（图 11-2）。用方巾缠头时，需先将方巾折叠成三角形，拖在背后的一端成尖形，缠头时，左右交叉缠出层次。黄色包头帕一般要取自伊斯兰圣地麦加，象征回族人民共同信仰的地方。冬天戴狐皮帽和黑皮帽。

回族老人和宗教人员喜穿"仲白"（阿拉伯语意为大衣或长袍），有单、夹之分，多为白色，也有黑、灰、蓝色（图 11-3）。冬天穿大领皮袄或白板皮袄。大领皮袄有宽大的裘皮翻领，毛皮为里，布料为面，衣宽而袖长，下摆饰以毪氇，穿时系红色或青色腰带。白板皮袄即老羊皮袄，以熟制的老羊皮制成，无面无扣，仅用毪氇滚边，穿时系腰带。下穿黑色或蓝色长裤。鞋为黑布鞋或白线勾

图 11-1 男子服饰

图 11-2 回族阿訇头饰

的线帮鞋。回族人还爱穿保暖性好的毡窝儿，肥大厚实，用多层毛毡做鞋帮，鞋底也由多层毛毡缝制。老人夏天穿白布高筒袜，冬天穿皮袜，阿拉伯语称为"麦斯海"，用薄而软的牛皮制成。按伊斯兰教规，成年穆斯林每天做五次礼拜，礼拜前须小净（小净需要洗手、漱口、洗脸盒洗脚），穿"麦斯海"时用湿手在袜子的前后摸一遍就算洗脚了，解决了冬天老人礼拜前洗脚的不便。

11.2 女子服饰

西北地区的回族女子要戴盖头。回族称盖头为"古古"，旨在盖住头发、耳朵、脖颈，回族人民认为这些是女子的羞体部位，应该加以遮盖（图 11-3）。回民的盖头一般都是绿、黑、白三种颜色。少女戴绿色，已婚女子戴黑色，有孙子或老年女子戴白色。戴绿盖头显得清俊娇丽；戴白盖头显得干净持重；戴黑色盖头显得素雅端正。回族女子的"盖头"，讲究精美，大都选用丝、绸、乔其纱、的确良等高中档细料制作。在样式上，老年人的盖头较长，要披到背心处；年轻人的盖头较短，前面遮住颈部即可。

回族女子的传统服装样式比较单一，一般是大襟衣，但装饰比较丰富。年轻人喜欢在衣服上嵌线、镶色、绲边等，有的在衣服的前胸、前襟处绣花，色彩鲜艳。回族女子老少都备有礼拜服和节日服。

图 11-3 男服和女服

民间服饰
工艺篇

靛蓝染色工艺

靛蓝染色是广西少数民族传统的染色方法之一，也是最常用的染色方法。

图 1-1 蓝靛草

1.1 靛蓝染色工艺

1.1.1 靛蓝染色原理

在秦汉之前，用蓝草（图 1-1）发酵制靛、还原染色的技术还未被掌握。当时采用以浸揉直接染色为主的染色技术，将蓝草的叶与染物一同揉搓，将蓝草汁揉出，以浸染织物。而蓝草中的菘蓝在碱性（石灰、草木灰）溶液中，其所含的菘蓝苷会被水解，游离出吲哚醇而吸附于纤维上，在空气中即被氧化为靛蓝，染得蓝青色。而蓼蓝、马蓝等其他蓝草中所含有的靛苷，必须经过长时间发酵，在糖酶和稀酸的作用下，才能水解游离出吲羟，转化为靛蓝。因此，古代早期的制靛技术仅限于用碱水浸泡茶蓝来获取靛质，而蓼蓝等蓝草是用浸揉直接染色，只能染得青碧色。

还原染色是因为靛蓝本身不溶于水和酸、碱介质，须将其还原成靛白，靛白在碱性溶液中上染纤维，再经氧化恢复成靛蓝而固着在纤维上。如此反复多次，就能染得较深且牢的蓝青色。明《天工开物》中记载："凡靛入缸，必须用稻草灰水先和，每日手执竹棍搅动，为可计数。"

图 1-2 将蓝靛草倒入石坑中，加水将蓝靛草全部浸在水中。两天后，过滤，在滤液中按比例加入稻灰水，充分搅拌，直到水面浮起大量的绿色泡沫，用芭蕉叶等物密封坑面。数日后，待溶解的靛苷在碱性条件下充分发酵还原后，便可揭开坑面覆盖物，将蓝靛液取出

1.1.2 基本工艺流程

$$靛蓝 \xrightarrow[\text{氢气 (H}_2)]{\text{还原剂}} 靛白隐色酸 \xrightarrow[\text{草木灰}]{\text{碱剂}} 靛白隐色盐 \xrightarrow{\text{坯布}} 染色 \xrightarrow[\text{氧气 (O}_2)]{\text{空气}} 蓝（青）色布$$

染色前，先在靛蓝的染缸中加入稻灰水，使其具有碱性。每日用竹棍不断搅动，以加速发酵。数日后，靛蓝被还原成靛白隐色酸，在碱溶液中转变为可溶性的靛白隐色盐。然后把坯布放在还原染液中进行浸染，染液为室温或微温，靛白隐色盐被纤维吸附后，将染物进行透风，经空气中氧化作用呈蓝青色，再经水洗即成。按上述染色方法，常需经多次浸染。在两次浸染之间，要在空气中氧化，晾干后，再进行后一次浸染。一般浅色浸染 2～3 次，深色则需 7～8

图 1-3 将蓝靛液从石坑中舀出，装在小容器中，便于水分的蒸发

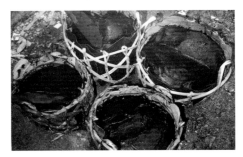

图1-4 蒸发完水分的蓝靛膏

图1-5 将蓝靛膏按比例放入染缸中，浸染坯布，经过多次浸染，布料即成黑色

图1-6 将染好的蓝靛布，用木槌反复捶打，再涂上蛋清，使布色紫亮，不易褪色

次或更多次数，可获得浅青色至较深较牢的蓝青色。

配制靛蓝发酵缸时，要经常搅动产生水泡，使空气与水的接触面积增大，有利于氧气溶解，加速液内细菌繁殖，使发酵完全，由氢化酶分解氢气，靛蓝被还原成靛白。

为了控制好靛蓝染液的发酵过程和缩短发酵时间，有利用草木植物的根茎浸泡液和米糠等制得的发酵液或利用酒糟等来促进发酵过程充分还原的方法。根据生物化学原理，这类根茎浸泡混合液能吸收空气中的微生物，由微生物繁殖而引起发酵。而酒糟是已经蒸馏的制酒残渣，内含丰富的微生物以及微生物所需养料——淀粉质和蛋白质等。所以，掌握好发酵混合液或酒糟的加入量并进行定时添加，在适当的气温条件下，配以稻灰水等碱性物质，能使发酵缸内的靛蓝还原充分，易获得较好的效果。

靛蓝发酵缸中，需加入草木灰或石灰液等碱性物质，以中和发酵产物中的酸，使难溶性的靛白隐色酸转化为可溶性的靛白隐色盐。由于发酵还原时所要求的碱度不高，一般在弱酸性（pH值为9左右）条件下就可满足需要。石灰液的碱性强，缓冲力弱，不如稻草灰水等容易掌握（图1-2～图1-5）。

1.2 侗族和苗族"亮布"制作工艺

将染色的布料卷好，放入饭锅中蒸一两个小时，然后取出晾干；再放入蓝靛缸中浸染，再取出晾干……如此反复多次浸染后，染上薯莨或牛血，待其变成紫红色时取出，放在平滑的石板上轻轻捶打数次，然后用鸡毛蘸取适量的鸡蛋清涂在布上，一边捶打，一边加鸡蛋清。捶打越多，亮度越大，最后捶打成泛发紫色光泽的"亮布"。这种"亮布"不仅耐脏，而且不易起皱，整个布面色泽均匀，紫光闪闪，鲜艳夺目（图1-6）。

"亮布"呈现紫色光泽，主要是高温情况下靛白隐色酸过度氧化而产生靛红（吲哚满二酮）所导致的。

2 织锦工艺

2.1 壮锦

2.1.1 概述

　　壮锦作为壮族的标志性工艺美术织品，是壮族人民最精彩的文化创造之一，历史悠久，被列为中国四大名锦之一。1976年6月广西贵县罗泊湾汉墓出土的数块橘红色回纹锦残片，证实了在汉代广西已有高超的织锦技艺。据历代史料记载，壮锦经历了从单色到五彩斑斓、图案花纹从简单到繁复的发展变化。到明代万历年间，织有龙、凤等花纹图案的壮锦已成为朝廷的贡品。清代沈日霖《粤西琐记》中写道："壮妇……手艺颇工，染丝织锦五彩烂然，与缂丝无异，可为裀褥。凡贵官富商，莫不争购之。"

　　广西壮锦分为南、北两派，以靖西县壮锦厂为代表的南派织锦技术，较之以宾阳、忻城为代表的北派织锦技术，在图案、工艺、技术、材料等方面的创新程度上更突出，效率更高，成本更低，而且市场价格更高。

2.1.2 壮锦原料

　　清乾隆《归顺直隶州志》中写道："嫁奁，土锦被面决不可少，以本乡人人能织故也。土锦以柳绒为之，配成五色，厚而耐久，价值五两，未笄之女即学织。"从这些记载可以看出，壮锦采用五彩绒线和丝线交织而成。

　　丝绒线：从种桑养蚕到拣、夹、纺、漂、染，均由织锦者完成。

　　棉纱：从种棉到纺纱，经过去籽、弹花、纺、染、浆等工序。

　　染料：利用当地植物和有色土配制。红色用土朱、胭脂花、苏木，黄色用黄泥、姜黄，蓝色用蓝靛草，绿色用树皮、绿草，灰色用黑土、草灰。用土料搭配可染出多种颜色。

2.1.3 壮锦织造工具

2.1.3.1 宾阳竹笼壮锦织机实物及结构（图2-1）

图2-1(a) 宾阳竹笼壮锦织机实物

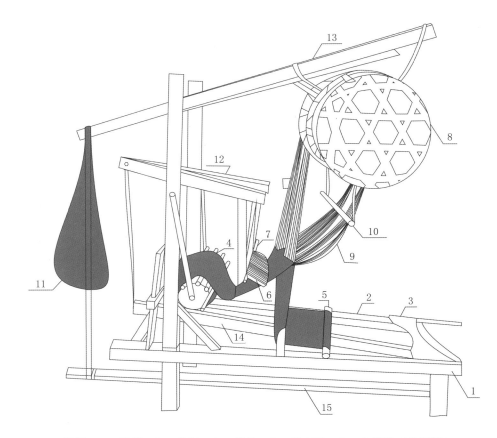

1—机架；2—机床；3—坐板；4—经轴；5—卷布轴；6—小综线（地综线）；
7—小综杆（地综杆）；8—提花竹笼（花笼）；9—大综线（提花综线）；
10—大综杆（提花综杆）；11—重锤；12—纱吊手；13—提花吊手；14—纱踏板；15—花踏板

图 2-1(b) 宾阳竹笼机结构

如图 2-1(b) 所示，小综线和小综杆的作用是形成地综的平纹开口；提花竹笼（又称花笼）用多根竹针（又称花针）编织而成；大综线编织在竹针上，可以控制壮锦的提花开口顺序，竹针根数取决于花型的复杂程度，一根竹针控制一种提综运动，一个循环内可以反复使用。织锦艺人根据花型需要在竹笼上编出多种提花开口顺序，织锦时根据需要抽取某根竹针完成对应的提花开口任务。壮族人民的聪明才智在竹笼上得到完美体现。梭子与打纬刀（图 2-2）连为一体，在投梭过程中即可将纬线打入梭口。绑腰挂在卷布轴的两端，并绑在织锦工的腰上，靠织锦工的腰部力量来实现所需要的经纱张力。纱踏板和花踏板分别为形成清晰的平纹开口、提花开口而设置的装置。

图 2-2 打纬刀

2.1.3.2 靖西壮锦织机实物及结构（图2-3）

图2-3(a) 靖西壮锦织机实物

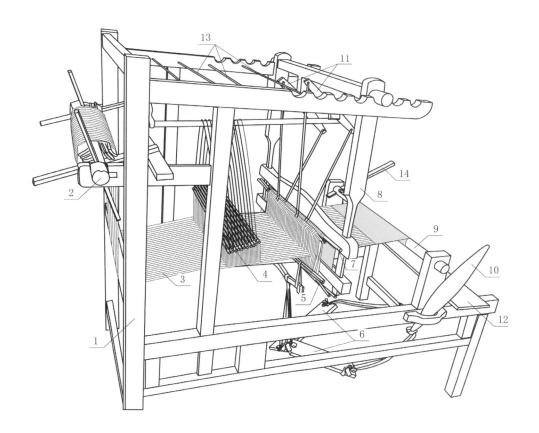

1—机架；2—经轴；3—经纱；4—提综片；5—平纹综框；6—平纹踏板；7—钢筘；
8—打纬摆杆；9—卷布辊；10—梭子；11—综框拉手；12—坐板；13—花纱架；14—卷布辊拉手

图2-3(b) 靖西壮锦织机结构

靖西壮锦织机无动力装置，开口、引纬、打纬、卷取、送经五大系统功能类似现今纺织厂中常用的 1511 型有梭织机。

开口运动分成两个部分，即平纹开口和提花开口。由图 2–3(b) 可见，平纹开口由平纹踏板控制，交替开口；提花开口由提综片控制，用手拉提综片，形成开口后将分纱辊（图 2–4）插入，形成清晰梭口。引纬运动由手投梭子与经纱交织成平纹，织花纹时则将花纱织入梭口。打纬运动由手拉打纬摆杆将纬纱打入织口。卷取运动是间隙性的，织口往前移动到不便于操作的情况下，将经轴放松 90°，然后调节卷布辊拉手，使经纱张力保持在合适程度。

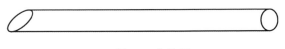

图 2-4 分纱辊

图 2-5 壮锦组织展开断面

2.1.3.3 靖西织机和宾阳竹笼机结构对比

靖西织机和宾阳竹笼机在结构上的最大差异是提花系统，靖西织机采用平行式花杆提综技术，宾阳织机采用竹笼式花笼提花技术。其次是引纬系统、打纬系统和经纱张力系统。靖西织机引纬采用梭子引纬和钢箅打纬；宾阳织机将梭子和打纬刀连在一起，既有引纬功能，又有打纬功能。靖西织机的经纱张力采用卷取装置，宾阳织机采用传统的腰带张力装置。

2.1.4 壮锦组织结构

壮锦常用单经、纬二重或纬三重正反纬显花组织。其组织配制为：地纹组织采用单经平纹，面纹组织采用双经正反纬二重组织。以较长的纬浮点显纬花。有时在局部花心处，采用挖花工艺，作逐花异色的过渡，使图案色彩更为丰富。两种不同色纬作正反交织后，由地纬衬地，地纬和面纬为一单元形成纬花，既增加了织物的厚度，又将地纹组织覆盖，达到"厚而耐久"的效果（图 2–5）。

2.1.4.1 纹制与挑花结本

传统的挑花技术，以九宫格的方式，将花稿纸样分为若干个方格或长方格，计算出每个纵、横格内所占有的经线与纹纬数，按组织结构进行编纹挑花结本，俗称"祖本"，亦称"花脚子"。相继按九宫格原理和织物的经、纬密之比与纹格的关系，发展为意匠专用规格纸，作纹制填绘之用。

2.1.4.2 纹样的组织编绘（意匠）

按织物实例，花稿尺寸为花幅宽 12 厘米、花回长 12 厘米。织物经密为 10 根／厘米，即循环纹经数为 120 根（格）；纹纬密为 40 根／厘米，根据织物组织结构，采用双经正反纬二重，实用循环纹纬数为 240 根（格）。由于竹笼提花装置所架设的环形竹编花本内，花针储存数量受到限制，一般为 70 ~ 120 根，故调整意匠横格数为 120 格，每横格示为正反 2 根纹纬数。同理，意匠纸选用八之八，纵、横格均为 120 格，进行纹制编绘。填绘放大的纹制组织图与样稿比例一致。挑花结本时，两横格作正反一组，将花针编入花本，使花本内花针数改少。织造出来的图案与原图案大小一致（图 2-6）。

2.1.4.3 挑花结本材料

花综与地综采用多根桑蚕丝，并捻复合后成为股线，作为环形竹编花本与地综结扎用线。环形纹综线长约 250 厘米，总根数为 240 根，按奇偶数编绞后分成四组，每组 60 根。纹竿用光滑细圆竹制成，长约 65 厘米，直径约 0.4 厘米，数量 120 根。按意匠编纹要求，将第一组所需的经浮点逐一挑起，引入一根纹竿；紧接着将同组的纬浮纹综挑起，编入另一纹竿。以两横格为正反一组，逐组挑编成环形竹编花本，并用绞线将编入的纹竿按单双相交法分开，逐花异色的纹竿上做记号，供织工操作时使用。

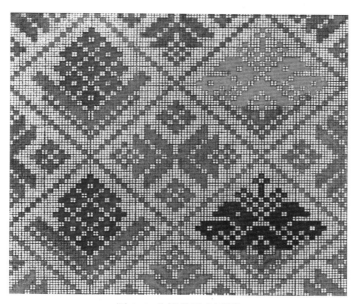

图 2-6 壮锦花型意匠图

2.1.5 壮锦图案与色彩

壮锦用丝绒和棉线交织而成，以棉线作经、丝绒作纬，经线为原色，纬线用五彩色线，织入起花，在织物的正面和背面形成对称纹样，并将地组织完全覆盖，增加厚度。

壮锦图案结构严谨，式样多变，就其构图来说，主要有三种形式：一是几何形骨架内织自然形纹样的四方连续结构（图2-7）；二是底纹上织自由花的二方连续结构（图2-8）；三是平纹上织底纹（图2-9）。四方连续结构，常由小卍字、回纹、水波纹等几何纹样组成四方连续骨架，在骨架的斜行、菱形空格内反复连续织出各种植物、动物纹样，自然纹样与几何纹样紧密结合，既严谨和谐又生动自然，呈现出丰富多彩而优美的节奏感。二方连续结构多以卍字纹、回纹、水波纹等几何纹样为底纹，上面用二方连续的排列形式织出各种动植物纹样。二方连续结构的排列形式常由一个中心纹样和几个左右对称或均衡的纹样配合组成一个有机的整体，并形成多层次的纹带，主次分明，布局得当，在几何形底纹的衬托下，通过暗底亮花或亮底暗花的陪衬，使自由花更为鲜明突出。平纹上织底纹是壮锦图案结构和织法中最简易的一种形式，主要用小卍字、回纹、水波纹等几何纹样作为基本纹样，在其上、下、左、右紧密地连续组合，连绵无边，其图案结构紧密，形象简练，给人一种雅静朴实的感觉。

图 2-7 壮锦的四方连续结构

图 2-8 壮锦的二方连续结构

图 2-9 平纹上织底纹结构

2.2 苗锦

苗锦用经线作底、纬线起花，采用通经断纬的方法织造。经线多用自纺的白色棉线，纬线则用各色绒线或丝线，故所织之锦正面有花而背面无花。图案结构主要为二方连续和四方连续。二方连续，苗族民间俗称"大花锦"，用长、短直线和曲线以及点、线、面构成二方连续骨架，在骨架内织小型几何纹样，骨架外织人字斜纹或齿状纹，骨架内是主花，骨架外是次花或角花，主次分明，构图活泼，具有强烈的节奏感（图 2-10、图 2-11）。四方连续，民间俗称"小花锦"，用斜着排列的菱形或六角形几何纹样构成四方连续骨架，在骨架内织自然纹样，空隙处点缀小角花，整个构图显得丰富、严谨、大方（图 2-12）。

图 2-10　百色隆林花苗女织锦

图 2-12　苗锦四方连续纹样

图 2-11　苗锦二方连续纹样

2.3 侗锦

侗锦分为黑白锦和彩锦。黑白锦（图 2-13）以黑色或蓝色棉纱为经、白色棉纱为纬，用土制织机将深、浅两色棉纱互相垂直交织，呈现两面互为阴阳效果的直线几何纹样，正面是以黑花或蓝花为主的深色调，反面是以白花为主的浅色调。这种两面互为阴阳效果的独特风格，是其他民族织锦中所罕见的。黑白锦一般用优美的线条、强烈的黑白对比与虚实对比穿插来表现构图，使画面清晰整洁、层次丰富，具有强烈的空间感。整个画面非常清晰、淡雅，线条疏密有致，构图明快、清秀。黑白锦又有大花锦与小花锦之分，小花锦多以几何纹样组成四方连续结构，图案纹样较为简单，变化不大，没有主次之分；大花锦是清末民国初期在小花锦的基础上发展起来的，它保持了小花锦的四方连续结构，但图案纹样变化多端，主次异常分明。大花锦很少留大块底花，在图案纹样交接的空隙处，常用白棉纱织一行一行的小白点，填满整个空隙，远看则变成锦面的灰色部分，形成黑、白、灰三个色调，使锦面色彩更为丰富协调。同时，由于纬线较粗，纹样浮出底面成半浮雕式，加上锦面有小面积的深色凸出，从而使整幅锦显得清新厚重，这也是大花锦特有的工艺特色。侗族彩锦（图 2-14）则用彩色丝线相互交织，以几何纹样构成二方连续结构，构图精细艳丽。

图 2-13 侗族黑白锦

图 2-14 侗族彩锦

2.4 瑶锦

2.4.1 瑶族织锦机

瑶锦以棉纱做经、彩线做纬，采用通经断纬的方法织造。织布机上的经线一般分为两层，可以形成上下开口，而织锦机为方便织花，其上的经线至少分为三层：首先由粗的分经棍 1 分成两层（图 2-15），再用细的分经棍 2、3 将分好的第一层分成两层（图 2-16）。通过提综杆的提拉开口，三层经纱往返出现在最上层（图 2-17），并在最上层由挑花杆（它的一头是圆的，一头是扁的，扁的那头用来挑花）挑出需要的花型（图 2-18），再采用通经断纬的方法，让各色的纬线穿过，得到预先设计的花纹。

图 2-15 用粗分经棍将经纱分成两层

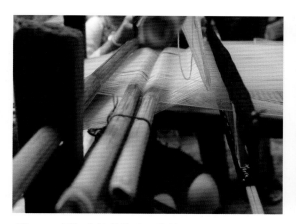

图 2-16 用细分经棍将分开的第一层再分成两层

图 2-17 通过提综杆的提拉开口，使 3 层经纱往返出现在最上层

织造时，根据纬纱颜色的不同，有多根纬纱棒。第一纬织平纹地，利用分经棍形成的自然开口，引纬并打纬。第二、三、四、五纬起花。织完第一纬后，依次踩动踏杆，花综受力牵动，将面经拉下成为底经，从而形成第二、三、四、五次开口，引入花纬后进行打纬。第六纬与第一纬一样，织平纹地，其余类推。这样五纬一组，不断往复循环。卷布和送经是人工调节的，织到一定程度时便转动齿状卷经轴，放出一段经纱，同时卷取一段织锦。其他的编织方法同织布机（图 2-19），其步骤都是提综、形成梭口、穿梭子、用打纬刀打纬（图 2-20）。

图 2-18 桂林龙胜红瑶女用挑花杆挑花型

2.4.2 红瑶织锦的图案纹样

红瑶织锦上的各种纹样是其织锦技艺的外在表现形式，心灵手巧的红瑶女子把各式繁杂的纹样融汇到织锦中。红瑶织锦一般采用方形、菱形、三角形等几何构图形式，将大自然中的花草树木、飞禽走兽等转化为纹样织入其中，形成二方、四方连续图案，不仅具有象征意义，而且极富韵律。

（1）植物纹样。红瑶族以农耕稻作为生，其主要的农作物是水稻。红瑶族人民把水稻抽象成稻穗纹样，并借此表达他们期待年年丰收

图 2-19 提综装置

图 2-20 桂林红瑶织锦机

的美好愿望。稻穗纹样在一定程度上反映了红瑶族农耕经济的意识形态。其次是花的纹样，以桂花纹样和八角花纹样的使用最为广泛，象征花香人美、生活幸福美满（图 2-21、图 2-22）。

（2）动物纹样。动物纹样出现最多的是和鸟相关的纹样，如凤凰纹样（图 2-23）、勾头鸟纹样（图 2-24）、雄鸡纹样等。这些纹样具有吉祥如意、大吉大利之意。其次是蜘蛛纹样（图 2-25）。蜘蛛因为擅长吐丝结网，被勤劳的瑶家人认作外婆，在服装上织入蜘蛛纹样，表现了瑶家女对纺织能手的钦佩和重视。此外，羊的纹样在织锦中也很常见。羊是最早驯化的牲畜之一。羊能给人们带来富足，有羊

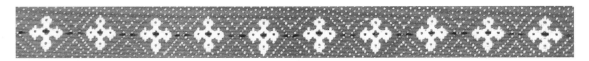

图 2-21 菱形二方连续的桂花纹样

图 2-22 八角花纹样

图 2-23 凤凰纹样

图 2-24 勾头鸟纹样

图 2-25 蜘蛛纹样

是丰衣足食的象征；羊还是"美"与"善"的象征，体现的是善良、美好与品性高洁。还有人形纹样（图 2-26）。红瑶族人认为人形纹样可以帮主人挡灾除祸。

（3）几何纹样。最常见的几何纹样有"卍"字纹。"卍"是佛教的吉祥图案，具有"永生""轮回""吉祥如意"的象征寓意。红瑶妇女把"卍"字纹引入红瑶织锦，以驱鬼求福保佑平安，同时也表达了他们对吉祥如意、美好生活的憧憬。在红瑶织锦工艺品中，"卍"字纹有单个出现的，用以点缀或衔接其他动植物纹样；也有连续成排重复出现的，大多在织品的边角，起到构型的作用。

图 2-26 人形纹样

菱形纹在红瑶织锦中也出现较多，而且大小不一、功能各异。大的菱形纹一般采用白线钩织，形成框架，其中再织入单独一个或一组动植物纹样，形成精美的纹样单元，这样的纹样群一般是左右对称的。小的菱形纹经过组合（一般采用重复排列的形式），出现在织品的不同位置，其作用也不相同。在边角出现的菱形纹一般有收边的作用，会搭配各色彩线织出一长条的菱形纹，装饰织品。菱形纹如搭配动植物纹样，一般是为了区分一个个富有寓意的纹样单元，使其一目了然。菱形纹在织品中主要有区分图群的作用。

梯田纹的出现很大程度上是源自红瑶族的生产和生活环境。龙胜红瑶主要从事农耕稻作，勤劳的红瑶族人民在一座座山腰上开垦出一亩亩的梯田，形成了具有本民族特色的梯田稻作文明。

梯田纹的出现无疑是这一梯田稻作文明的缩影，充分了表达了红瑶族民对龙胜梯田的喜爱与感恩之情。梯田纹通常不会单个出现在织品上，大多数时候是重复连续出现的（图 2-27）。

桥形纹一般出现在织品的边角位置。红瑶族人民生活在大山里，而山间的小溪小河间隔了各个寨子，他们在这些小溪小河上筑起一座座简便的小木桥，方便生产劳动和出行，也促进了红瑶族各个寨子之间的交流。因此，桥对于红瑶族人民具有特殊的意义，桥形纹便应运而生。

八角纹是红瑶织锦的几何纹样中最富表现力的纹样之一，表达了红瑶族人民希望避免灾害的心愿，祈求风调雨顺。

更具体的红瑶织锦细节，如图 2-28 和图 2-29 所示。

图 2-27 梯田纹样

图 2-28 红瑶织锦细节一

图 2-29 红瑶织锦细节二

3 印染工艺

在广西 11 个世居少数民族中，各民族都有自己独特的印染工艺，壮族、苗族、瑶族的扎染、蜡染、树汁染、糯米染都十分出名，尤其是苗族蜡染、白裤瑶树汁染、龙州县壮族糯米染，精工细作，瑰丽神奇，清新质朴，是印染中的精品。

3.1 扎染

扎染起始于殷周时代，兴盛于唐，它是先按图案设计要求，用缝、捆、包扎等多种防染的手段，在织物局部阻止染料上染，从而使被染的部位出现自然花纹或相似花形的染色技术。基本工艺流程如下：

图案设计→织物扎结→浸水→染色→水洗→解拆→水洗→脱水→晾干

扎染工艺中的中心环节是扎结。扎结技法主要有缝扎法、捆绑扎法、打结扎法和器具辅助扎结法等。由于扎结方法不同，在织物上形成的花纹和风格也不尽相同。

3.1.1 缝扎法

利用一般的缝纫方法，按设计图案进行缝纫，缝后抽紧扣结即可。这是应用较多、较简便的一种扎结方法。缝扎法有平缝和包缝等不同的缝法，染色后其花纹会出现脉络纹、雪地点彩、游龙纹、小蛇纹、竹鞭纹、贝壳纹等晕渲花纹。

平缝是指按所描绘的纹样轮廓线，用针在织物上以一定针距进行缝纫，缝纫完成后抽紧缝线并扎结。经过染色后，织物上会出现清晰的线形花纹。花纹的清晰程度与缝纫的针距长短有关，针距短的线形显得比针距长的线形清晰准确。根据需要将织物对折或多次折叠后平缝，可得到重复的图案花纹（图 3-1 ~ 图 3-3）。

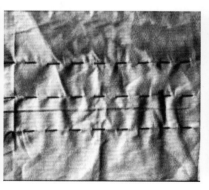

图 3-1 平缝针法

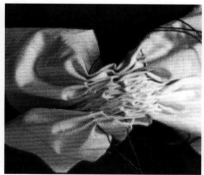

图 3-2 将缝线抽紧扎好

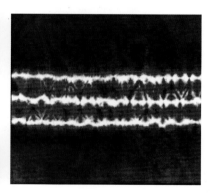

图 3-3 平缝扎染效果

包缝是将织物上所描的线对折，用绕针法在对折处缝纫，缝后拉紧、收拢、打结，染色后可得到缝线的线条纹路。这种缝型适合于表现藤、波浪、蝴蝶触须等线形纹样的效果（图3-4 ~ 图3-6）。

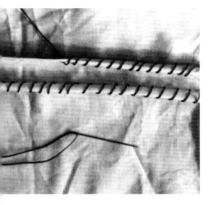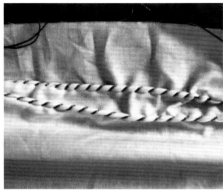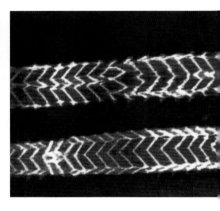

图 3-4 包缝针法　　　　　　　　　图 3-5 将缝线抽紧　　　　　　　　　图 3-6 包缝扎染效果

3.1.2 捆绑扎法

这是一种较为自由的扎结方法，不必事先绘出图样线条，只要按需要将织物任意折叠、捏拢或皱缩，然后用线、绳缚绑紧固，染色时，被捆绑部分有防染作用，会显出各种花纹。常用的捆绑方式有以下几种：

a. 将织物沿经向或纬向折叠或捏拢，用线绳扎紧，染色后可得条形连续花纹（图3-7 ~ 图3-9）。

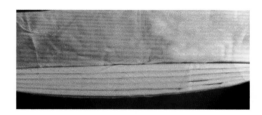

图 3-7 将织物按纬向平行折叠

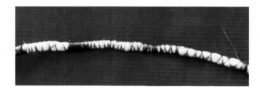

图 3-8 用线绳扎紧

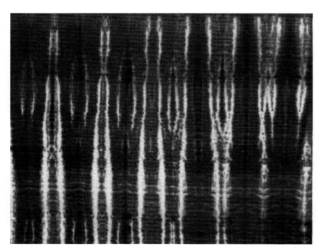

图 3-9 扎染效果

b. 将织物多次对折，以折点为顶点，分几段用绳折绕绑缚，染后可得放射状方形或菱形花纹（图3-10～图3-12）。

图 3-10 将织物多次对折

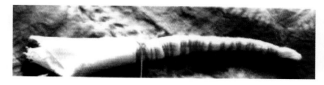

图 3-11 以折点为顶点，分几段用绳折绕绑缚

图 3-12 扎染效果

c. 将织物铺展开，然后收拢织物（亦可用针、钩挑起一点，收成伞状），经染色可得放射状圆形花纹（图3-13～图3-15）。

图 3-13 取一中心点，用拇指、食指、中指捏撮在一起

图 3-14 在中心点下方捆绑扎结

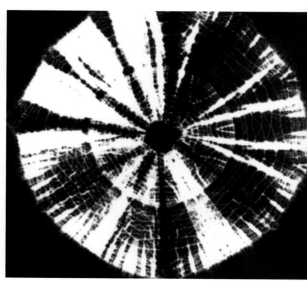

图 3-15 扎染效果

d. 将织物任意皱缝成团，用线绳捆绑，染色后可得如大理石花纹的纹饰（图3-16、图3-17）。

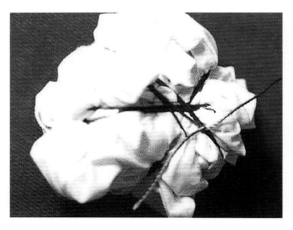

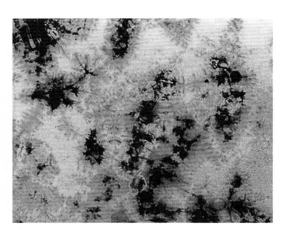

图3-16 任意皱缝成团，用线绳捆绑 　　　　　图3-17 扎染效果

3.1.3 打结扎法

打结扎法利用织物自身打结抽紧（不使用线或绳捆缚），要求打结处的结节严紧、密实（图3-18、图3-19），起阻断染液浸入的作用，染色后可得到变化的花纹。打结方法有任意打结、四角结、三角结，即将织物四角打结或将织物折叠成三角形后再打结；还有折叠结，将织物折叠成长方形打结或将织物收拢成条形后打结，再经过染色而出现不同的纹饰。

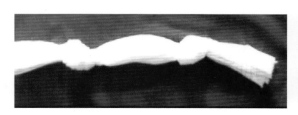

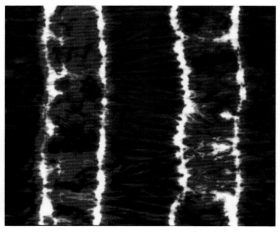

图3-18 将织物打结 　　　　　　　图3-19 扎染效果

3.1.4 扎染成品

图 3-20 苗族扎染作品

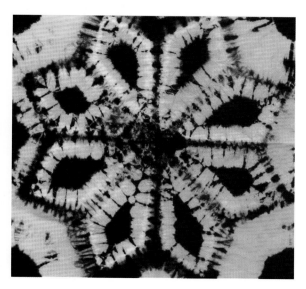

图 3-21 壮族扎染作品

3.2 蜡染

蜡染是用蜡作为防染剂进行染色而得花纹,其方法是将熔融的蜡质,通过描、刷、印等方式,加于织物局部,形成花纹作为防染层,染色后去掉蜡质。在染色前或染色过程中,织物上的蜡质会破裂,裂纹也在染色的同时染上色泽,从而形成风格各异、自然独特的裂纹,被称为蜡纹或冰纹。

蜡染一般通过上蜡、碎蜡(捣蜡)、染色和脱蜡四个主要工序,其基本工艺流程如下:

织物→上蜡→冷却固化→染色→脱蜡→漂洗→干燥→蜡染

手工蜡绘:常见的蜡绘方法有描蜡法(图3-22)、刷蜡法、点蜡法、洒蜡法、涂蜡法等。蜡绘方法不同,会产生不同风格的蜡纹。其方法是将熔融的蜡液,通过蜡壶、漏嘴、蜡刀、蜡笔、竹签等工具,按设计图案在平整光洁的织物上描绘花样,然后使蜡液冷却固化。

图 3-22 花苗在白布上手工蜡绘图案

图 3-23 花苗蜡染成品

蜡纹的产生，一般是利用蜡液膜在冷却后染色，在染色过程中，织物受翻动搓揉发生收缩，造成蜡膜龟裂，由此形成的细微缝隙处亦被上染，在织物花纹上形成无规律的自然冰裂纹。另一种是在染色前，将上蜡的织物，通过手直接搓揉挤压或借助器具进行敲打、折叠、刻画等碎蜡方法，产生不同风格的蜡纹。染色前的碎蜡与否，应视蜡染品的蜡纹要求而定（图 3-23）。

上蜡所用的蜡，常用的有蜂蜡、白（虫）蜡、石蜡等，因其性能各异，蜡染效果也不同。蜡的选用，应根据蜡质的防染性好坏、挠性大小、碎裂难易、脱蜡差别以及熔点和软化点等因素综合考虑。

石蜡的防染性能好，可挠性小，易碎裂，能获得丰富的蜡纹，但脱蜡性差，一般不单独使用，常与蜂蜡混合应用，以提高可挠性，使蜡纹稳定。

蜂蜡的防染性甚好，可挠性大，产生的蜡纹精细，但对织物的黏着力强，龟裂不易，脱蜡也不易。而且资源较少，故除了用于精细条纹外，一般不单独使用，常与容易形成蜡纹的石蜡、白蜡混合使用，以产生丰富的蜡纹。

白（虫）蜡的防染效果亦好，能产生柔软的裂纹，由于含游离的脂肪酸而乳化，容易脱蜡，可单独使用，与蜂蜡混合使用可提高蜡纹的清晰度。

上蜡用的蜡液，根据蜡的品种和混合的比例，会产生不同的蜡染效果。配制时，不仅要掌握各种蜡的特性，还要考虑图案风格。

蜡液的温度应适当，温度过低则蜡液流动缓慢，未渗透到织物反面就发生凝结，从而在蜡膜与织物表面之间形成空隙；温度过高则蜡液流动迅速，渗透过快，不能凝结成一定厚度的蜡膜，影响防染效果。因此，液温以蜡液能渗透到织物反面并有一定的封闭作用为最理想。

染色温度根据蜡的热性能确定。当蜡层开始变软时，蜡纹易发生变化，形成的裂纹也随之变化。为了保证所需蜡纹的形成及清晰度，蜡的软化温度确定了蜡染温度应在 40℃以下，最高不能超过蜡开始变软的温度：石蜡为 37℃，白蜡为 44℃，蜂蜡为 41℃。

由于蜡染的染色温度被控制在 40℃以下，植物染料的选用也被限制在低温条件下能上染的范围内，通常选用靛蓝染色，故蜡染产品以蓝地白花最为普遍（图 3-24）。一般来说，彩色蜡染产品的染色工艺过程：先将需染成中色或深色的部位用蜡封住，染浅色；染好后将浅色部位封住，再染中色；之后，将浅、中色部位封住，入染深色。一般有多少色彩，就需入染多少次，工艺复杂，对操作的要求高（图 3-25）。

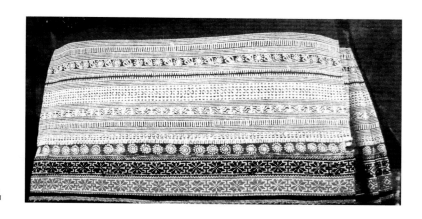

图 3-24 苗族蜡染作品

脱蜡，是利用蜡质能在沸水中熔化而完成的，再把浮在水面的蜡屑除去，一般需重复数次才能除净，最后用冷水冲洗，脱水后晾干。

蜡染织物一般在松弛状态下进行浸染，使其产生自然冰纹效果，还可以使织物在绷挺状态下染色，则所得花型比较整洁。

3.3 树汁染

树汁染是广西少数民族的传统印染方法之一，主要流行于广西大苗山的苗族和河池南丹县一带的白裤瑶。树汁染和蜡染有很多相似之处，也有其独特的风格，从整个工艺过程来看，树汁染似乎比蜡染更为原始古朴。

图 3-25 洪福远蜡染作品"蝶花"（1978 年）

3.3.1 苗族树汁染

每年四、五月份，大苗山的苗族便用刀将枫树皮砍破，经过高温暴晒，树汁从伤口中流出，将树汁与牛油或羊油以 1:1 的比例混合并熬煮而形成浓液。之所以加入动物油，一是牛油或羊油可以增加枫香树汁的韧性和柔软度，使其不会轻易破碎和被染剂渗透；二是加速枫香树汁的凝固。通常，在制作枫香染的防染剂时，可根据枫香树汁的黏稠度配制树汁和油的比例，若枫香树汁的黏稠度过大，则需加入适量的牛油或羊油进行调配。加热枫香树汁时，在温度方面也有极精确的要求，一般温度在 50~60 ℃。若温度过高，会导致染出的枫香染布面发黄；若温度过低，枫香油容易凝固，不利于绘画防染剂。绘画时，将枫香油放入一小锅或碗中，加热熔化成液体，削竹片为针，用竹针蘸取枫树牛油液，在白布上绘制图案纹样；然后将布放入蓝靛液中，浸染 40 分钟左右，将布取出，待布面色彩由黄绿色变成蓝色，即说明已经氧化完成，之后再浸染数次或数十次，直到染成苗族人喜欢的蓝色或黑色为止。最后，用草木灰水将枫香油去掉，就可得到漂亮的蓝底白花蜡染成品。

3.3.2 白裤瑶树汁染

河池南丹县的白裤瑶树汁染，使用的树汁是当地生长的一种叫"黏膏"树的汁液。每年春、秋两季，白裤瑶人用凿子将树皮凿破，使树汁流入碗中，将树汁与蜂蜡及牛油一同煮沸，使其混合成为浓液。使用时，用自制的铁质染刀蘸取煮好的浓液，在白布上描绘图案纹样，然后将布放入蓝靛液中浸染，由于树汁、牛油、蜂蜡的保护作用，绘有图案纹样的地方未染色；用稻杆烧灰煮水，滤去草灰，将布投入灰水中，树汁、牛油、蜂蜡遇热熔化而浮于水面，用勺舀出可留待下次使用；将布从灰水中取出，便成为蓝黑色、白色分明的树汁染制品（图3-26～图3-30）。

图 3-26 白裤瑶黏膏树

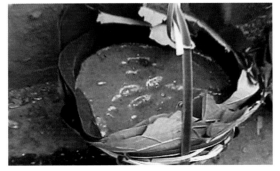

图 3-27 黏膏树汁液

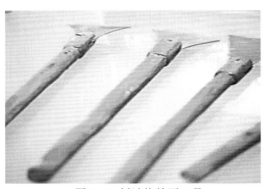

图 3-28 树汁染绘画工具

图 3-29 在白布上绘图样

3.4 糯米染

糯米染是龙州县壮族特有的印染方法之一。先把糯米磨成细粉，煮成糊状；将白布放在木板上，用竹片蘸取糯米糊，在布上描绘图案纹样；然后将布料放入蓝靛缸中浸染，待布浸透蓝靛后取出晾干；再用稻草烧灰煮水，用灰水将布上的糯米糊洗掉，绘制的纹样便显露出来。在印染过程中，凡用糯米糊描绘的部位，因糯米糊的防染作用而未染上蓝靛色，形成白色的纹样。糯米染工艺和蜡染工艺很相似，但其图案纹样的色调比蜡染柔和。

图 3-30 绘好的图样

4 刺绣工艺

广西少数民族刺绣工艺相传起源于秦汉时期。明代时，随着社会经济的发展而得到进一步的提高，清代时达到鼎盛。广西少数民族刺绣工艺大致可分为平绣、布贴绣、镶嵌绣等形式。

4.1 平绣工艺

平绣的工艺流程如下：

画样→上绷→配线→刺绣→落绷

画样是指将花样描在绣底上。上绷是将刺绣底料固定并绷挺在绷架上。根据画稿上的色彩，选配各种色彩的绣线为配线。刺绣时一手在绷上叫做"上手"，一手在绷下叫做"下手"，下手将针自下而上刺出绣面，上手再将针自上而下刺下去，这样一下一上，循环往返，直到绣满纹样为止。绣品绣完以后，将其从绷架上取下，即为落绷（图4-1）。

4.2 挑花工艺

挑花是用各种颜色的丝棉线，在布地上根据经纬线有规律地绣成"十"字纹组成的装饰花纹，因此又称十字绣花。十字纹是挑花针法的基础，也是构成挑花花纹的单元因素。所以，表现物象必须符合一个规律，即一切线条只能用十字纹表现，花纹的面也只能用十字纹满铺。因此，表现弧线等曲线时需用许多十字纹进行错位排列，或出或进，以达到接近物象轮廓的效果，还需要对物象进行省略、变形等艺术处理。这种艺术处理，使挑花具有特殊的韵味，富于浓厚的装饰性。

广西少数民族的挑花很有特色，如百色隆林地区的花苗、桂林龙胜地区的红瑶的挑花，其特点有：一是反面挑花，即在布的背面挑制，花纹效果则在布的正面显示；二是不需事先绘制图样，可以随心所欲地挑出自己喜欢的图案（图4-2～图4-6）。

图 4-1 壮族刺绣

图 4-2 花苗挑花针法

图 4-3 花苗挑花效果

图 4-4 百色隆林花苗女子上衣挑花图案

图 4-5 红苗挑花上衣

图 4-6 素苗挑花上衣

图 4-7 用布剪出花型

4.3 贴布绣工艺

贴布绣是指将布剪成图案花片并钉绣在地布上作为装饰。因以布片作为纹样，所以纹样以面为主表现形象，制成的绣片具有浑厚质朴的美。

贴布绣的制作，是先用布剪出花型，再将剪出的花型粘贴在地布上，最后经锁边绣缝制而成（图4-7～图4-10）。

图 4-8 用绣边绣将花型锁至地布上

图 4-9 成品效果

如 4-10 侗族贴布绣背带芯

4.4 镶嵌绣工艺

镶嵌绣是指剪下需要的布料并折叠成各种形状，镶嵌在服装所需的部位上，再用暗缝针的形式进行固定的一种工艺手法（图 4-11 ~ 图 4-16）。

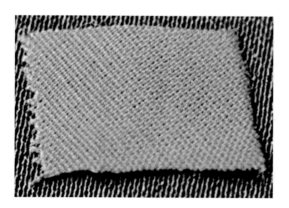

图 4-11 剪一块方形布片

图 4-12 对折

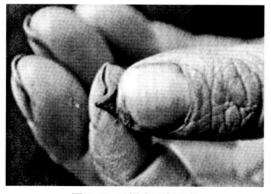

图 4-13 对折成三角形状

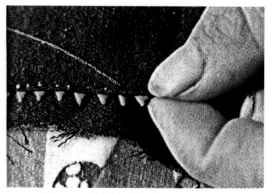

图 4-14 镶嵌在服装上

图 4-15 镶嵌绣成品

图 4-16 百色隆林地区黑彝上衣

4.5 马尾绣工艺

　　马尾绣工艺是水族世代传承的，以马尾作为重要原材料的一种特殊的刺绣技艺与方法。马尾绣的制作工艺很复杂。首先对刺绣用的丝线进行处理，一根丝线用纺车纺细，分成三股，然后紧密地缠绕在马尾上。缠好后，就可用这种马尾镶成各种不同的图案，然后按通常的平绣、挑花、乱针、跳针等工艺进行刺绣。民间传统的马尾绣背带最能集中体现这一工艺的精湛水平。马尾绣背带主体部位由 20 多块大小不同的马尾绣片组成，周围边框平绣有严格顺序规律的几何图案。上部两侧为马尾绣背带手，下半部背带尾也绣有精美的马尾绣图案，与主体部位相呼应（图 4-17）。

图 4-17 水族马尾绣

4.6 剪纸绣工艺

侗族的剪纸绣要先以剪纸做底样（图 4-18），用白乳胶将剪好的纹样粘在硬挺的布上，采用破丝单针纱缠绕绣制而成。

剪纸现今一般采用香烟外包装纸或定量为 220~250 克 / 米 2 且紧度大的卡纸。在过去，没有这类纸张，侗族人民一般采用多层黏合后具有一定厚度的构皮纸剪花样。构皮纸是以构树皮为原料制成的纸张，属于古法造纸品的一种。因构树的分布较广，直到现在，广西仍有使用构皮纸的村落。

破丝单针纱是指将加过捻的绣线中的捻回打开，将一根根单纱抽出使用。在刺绣加工时，只采用单股纱缠绕绣制，由于单纱细，没有加捻，因此制成的绣品细密、光洁有亮度。

刺绣时，为了增加布的硬挺度，现今的侗族女子会使用粘合衬或布撑（图 4-19）。以往的侗族人，特别是偏远山区的侗族人，为了增加布的硬挺度，一般采用在布的反面粘上两层报纸的方法。

图 4-18 剪纸纹样

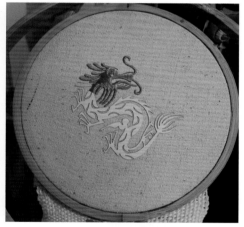

图 4-19 采用布撑方式增加布的硬挺性

剪纸绣的绣品有立体感，针脚细密、精美，由于光洁性好、亮度高，成品给人十分柔美的感觉。

侗族是一个信仰多神的民族，他们相信"万物有灵"，而太阳神"撒岁"是他们崇拜的最高神灵，因此，其刺绣纹样大多以圆形构图为主，无论是侗族女性胸兜（图 4-20）、鞋面（图 4-21），还是用来背孩子的背带芯的图案，都以圆形的花纹为中心，两边或周围配为各类动植物纹样，有凤、鸟、蝴蝶、鱼及花朵等纹样（图 4-22）。侗族人民一直认为自然界中是天圆地方的，为了体现他们对天地的崇敬之情，侗族背带芯刺绣纹样多采用内圆外方的构图形式（图 4-23）。

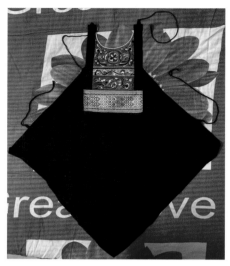

图 4-20（a）侗族女性胸兜

图 4-20（b）侗族女性胸兜上的刺绣纹样

图 4-21 鞋面剪纸纹样

图 4-22 侗族背带芯图案

图 4-23 侗族背带芯刺绣纹样构图

参考文献

[1] 梁汉昌摄影.没有围墙的民族博物馆.南宁:接力出版社,2007.1.

[2] 王梦祥编著.民族的记忆.南宁:广西美术出版社,2009.8.

[3] 吕胜中主编.广西民族风俗艺术卷叁——五彩衣裳.南宁:广西美术出版社,2001.12.

[4] 钟茂兰,范朴编著.中国少数民族服饰.北京:中国纺织出版社,2006.8.

[5] 洪梅香主编.回族服饰.银川:宁夏人民出版社.2008.10.

[6] 广西壮族自治区人民政府主办.广西年鉴2007.南宁:广西年鉴社,2007.11.

[7] 姚舜安主编.广西民族大全.南宁:广西人民出版社,1991.10.

[8] 黄必贵,卢运福编.世界瑶都.广州:岭南美术出版社,2006.12.

[9] 吕胜中主编.广西民族风俗艺术卷贰——娃崽背带.南宁:广西美术出版社,2001.12.

[10] 广西人民出版社编.广西少数民族图案选集.南宁:广西人民出版社,1956.4.

[11] 包日全编绘.广西少数民族图案选集.桂林:漓江出版社,1986.12.

[12] 陈丽琴著.壮族服饰文化研究.北京:民族出版社,2009.12.

[13] 玉时阶著.濒临消失的广西少数民族服饰文化.北京:民族出版社,2011.5.

[14] 广西壮族自治区民族事务委员会编辑.瑶族服饰.北京:民族出版社,1985.12.

[15] 杨正文著.苗族服饰文化.贵阳:贵州民族出版社,1998.8.

[16] 贵州省从江地方志编纂委员会编辑.从江风物志.昆明:云南民族出版社,2008.12.

[17] 苏小燕著.凉山彝族服饰文化与工艺.北京:中国纺织出版社,2008.12.

[18] 曾宪阳,曾丽著.苗绣 一本关于苗绣收藏与鉴赏的书.贵阳:贵州人民出版社,2009.5.

[19] 玉时阶.濒临消失的广西少数民族服饰文化.北京:民族出版社,2011.5.

[20] 田小杭著.中国传统手工艺全集——民间手工艺.郑州:大象出版社,2007.2.

[21] 钱小萍主编.中国传统手工艺全集——丝绸织染.郑州:大象出版社,2005.4.

[22] 刘红晓,谭立平.传统壮锦织机结构研究——以宾阳竹笼机为例[J].安徽农业科技,
    2011.39 (8):4875-4877.

[23] 朱医乐著.扎染工艺.天津:天津美术出版社.2006.1.

[24] 洪福远.福远蜡染艺术.贵阳:贵州人民出版社.2009.08.

[25] 广西壮族自治区统计局.2015年广西壮族自治区1%人口抽样调查资料[M].北京:
    中国统计出版社,2016.

[26] 广西壮族自治区统计局.广西统计年鉴2021[M].北京:中国统计出版社,2021.

[27] 刘红晓.中国少数民族服饰文化与传统技艺(瑶族)[M].北京:中国纺织出版社,2019.

[28] 刘红晓,陈丽.苗族织锦图案研究[J].轻纺工业与技术,2020,49(5):17-19.